锰激活氟(氧)化物发光材料的制备与应用

叶信宇　等著

北京
冶金工业出版社
2023

内 容 提 要

本书共分7章,第1章介绍了白光 LED 的发展背景和实现方案、白光 LED 用红色荧光粉的种类、固体材料中 Mn^{4+} 的发光特性和 Mn^{4+} 激活氟化物红色荧光粉的研究进展,第2章和第3章分别研究了稀土基质 $K_3ScF_6:Mn^{4+}$ 和 $K_2NaScF_6:Mn^{4+}$ 红色荧光粉的制备、形貌和发光特性,第4章研究了单一相自激活 Cs_2MnF_6 红色荧光粉的制备和发光性能,第5章研究了氟氧化物 $Cs_2NbOF_5:Mn^{4+}$ 红色荧光粉的制备和发光性能,第6章研究了修复改性处理提升 $K_2SiF_6:Mn^{4+}$ 和 $K_2TiF_6:Mn^{4+}$ 荧光粉发光和耐水性能,第7章研究了非 HF 法合成 $K_2TiF_6:Mn^{4+}$ 红色荧光粉。

本书适合从事照明和显示、稀土和过渡金属发光材料等领域的科研和技术人员阅读参考。

图书在版编目(CIP)数据

锰激活氟(氧)化物发光材料的制备与应用/叶信宇等著.—北京:冶金工业出版社,2021.9(2023.9重印)
 ISBN 978-7-5024-8897-0

Ⅰ.①锰… Ⅱ.①叶… Ⅲ.①氟化合物—发光材料—制备 Ⅳ.①O613.41

中国版本图书馆 CIP 数据核字(2021)第 182817 号

锰激活氟(氧)化物发光材料的制备与应用

出版发行	冶金工业出版社	电 话	(010)64027926
地 址	北京市东城区嵩祝院北巷39号	邮 编	100009
网 址	www.mip1953.com	电子信箱	service@ mip1953.com

责任编辑 张熙莹 美术编辑 彭子赫 版式设计 郑小利
责任校对 郑 娟 责任印制 窦 唯

北京捷迅佳彩印刷有限公司印刷
2021年9月第1版,2023年9月第2次印刷
710mm×1000mm 1/16;11.25印张;218千字;170页
定价 99.00元

投稿电话 (010)64027932 投稿信箱 tougao@cnmip.com.cn
营销中心电话 (010)64044283
冶金工业出版社天猫旗舰店 yjgycbs.tmall.com
(本书如有印装质量问题,本社营销中心负责退换)

前　言

　　以白光 LED（WLED）为基础的半导体照明和显示是 21 世纪最具发展潜力的战略性新兴产业，对促进国民经济和社会发展具有重要意义。荧光粉转换型的 WLED 中，红色荧光粉的作用非常关键。近年来，过渡金属 Mn^{4+} 掺杂红色荧光粉凭借其宽带吸收、窄带发射、温和的生产工艺和低廉的合成原料等优势引起了广泛的关注，被誉为新一代红色荧光粉，发展前景广阔。虽然对 Mn^{4+} 掺杂的氟化物红色荧光粉的报道层出不穷，但这一类型的氟化物红色荧光粉仍然有一些问题亟待解决，如耐水性差、合成过程中使用了氢氟酸、外量子效率偏低、所合成的粉体颗粒形貌差、产率低等一系列问题。针对上述问题，作者课题组近年来开展了一些工作。

　　本书是作者近年来科研成果的总结。本书共分 7 章，介绍了 WLED 的发展背景和实现方案、近年来红色荧光粉的主要类型、固体材料中 Mn^{4+} 的发光特性和 Mn^{4+} 激活氟化物红色荧光粉的研究进展和存在的问题等内容；开展了稀土基质 $K_3ScF_6:Mn^{4+}$ 和 $K_2NaScF_6:Mn^{4+}$、单一相自激活 Cs_2MnF_6、氟氧化物 $Cs_2NbOF_5:Mn^{4+}$ 红色荧光粉的制备、形貌和发光特性研究；针对氟化物荧光粉耐湿性差的突出问题，开展了修复改性处理提升 $K_2SiF_6:Mn^{4+}$ 和 $K_2TiF_6:Mn^{4+}$ 荧光粉发光和耐水性能的研究；针对 HF 的剧毒、易挥发问题，尝试了非 HF 法合成 $K_2TiF_6:Mn^{4+}$ 红色荧光粉的研究。

　　本书由叶信宇负责统稿和定稿，由杨幼明审阅。明红参与了第 1~3 章的写作，张俊飞参与了第 4 章和第 5 章的写作，刘丽丽参与了第 6 章的写作，潘锡翔参与了第 7 章的写作。本书的出版得到了江西理工大学的支持和国家财政部、工信部和国土资源部三部委联合资助项目及国家自然科学基金等项目的资助。在本书的撰写过程中,参阅了大量的文献资料,在此对各位文献作者和付出劳动的人们一并表示衷心的感谢!

限于作者水平所限,书中不足之处,恳请广大读者批评指正。

作 者
2021 年 6 月

目 录

1 绪论 ··· 1
1.1 引言 ··· 1
1.1.1 WLED 的实现方案 ··· 1
1.1.2 WLED 用红色荧光粉的种类 ··· 3
1.2 固体材料中 Mn^{4+} 的发光特性 ··· 6
1.2.1 Mn^{4+} 的能级特征 ··· 6
1.2.2 Mn^{4+} 的光学参数 ··· 7
1.2.3 Mn^{4+} 掺杂荧光粉的热稳定性 ··· 10
1.3 Mn^{4+} 激活氟化物红色荧光粉的研究进展 ··· 11
1.3.1 Mn^{4+} 激活氟化物红粉的体系 ··· 11
1.3.2 Mn^{4+} 激活氟化物红粉的合成方法 ··· 14
1.3.3 现有 Mn^{4+} 激活氟化物红粉存在的主要问题及解决方法 ··· 17
参考文献 ··· 26

2 $K_3ScF_6:Mn^{4+}$ 红色荧光粉的制备、形貌和发光特性研究 ··· 36
2.1 荧光粉的制备 ··· 36
2.1.1 前驱体 K_2MnF_6 的制备 ··· 36
2.1.2 $K_3ScF_6:Mn^{4+}$ 红色荧光粉的制备 ··· 37
2.2 $K_3ScF_6:Mn^{4+}$ 荧光粉的诱导生成及其晶体结构 ··· 38
2.2.1 物相生成 ··· 38
2.2.2 晶体结构 ··· 39
2.3 K_3ScF_6 的电子结构和光学带隙 ··· 42
2.4 $K_3ScF_6:Mn^{4+}$ 荧光粉的形貌及其元素组成 ··· 44
2.4.1 形貌调控 ··· 44
2.4.2 元素组成 ··· 46
2.5 $K_3ScF_6:Mn^{4+}$ 荧光粉的光致发光特性 ··· 47
2.6 $K_3ScF_6:Mn^{4+}$ 荧光粉的最佳合成条件 ··· 49
2.6.1 反应温度 ··· 49
2.6.2 反应时间 ··· 50

2.6.3　Mn^{4+}掺杂量 ………………………………………………………… 51
2.7　K_3ScF_6:Mn^{4+}荧光粉的热稳定性 ……………………………………… 55
2.8　基于K_3ScF_6:Mn^{4+}荧光粉的LED封装器件的性能 …………………… 56
2.9　结论 …………………………………………………………………………… 58
　　参考文献 ………………………………………………………………………… 59

3　K_2NaScF_6:Mn^{4+}红色荧光粉的生成、形貌和发光特性研究 …………… 61
3.1　K_2NaScF_6:Mn^{4+}红色荧光粉的制备 …………………………………… 61
3.2　K_2NaScF_6:Mn^{4+}荧光粉的晶体结构 …………………………………… 62
3.3　K_2NaScF_6:Mn^{4+}荧光粉的形貌及元素组成 …………………………… 65
3.4　K_2NaScF_6的电子结构和光学带隙 ………………………………………… 67
3.5　Mn^{4+}在K_2NaScF_6晶格中的晶体场强度和电子云重排效应 …………… 69
3.6　K_2NaScF_6:Mn^{4+}荧光粉的生成机理 …………………………………… 70
3.7　K_2NaScF_6:Mn^{4+}荧光粉发光性能的优化 ……………………………… 73
　　3.7.1　反应物Sc_2O_3/KHF_2摩尔比对发光性能的影响 ………………… 73
　　3.7.2　Mn^{4+}掺杂量对发光性能的影响 …………………………………… 75
3.8　K_2NaScF_6:Mn^{4+}荧光粉的温度依赖性发光行为 ……………………… 79
　　3.8.1　低温发光行为 …………………………………………………………… 79
　　3.8.2　高温发光行为 …………………………………………………………… 80
3.9　基于K_2NaScF_6:Mn^{4+}荧光粉的LED封装器件的性能 ……………… 82
3.10　结论与展望 …………………………………………………………………… 85
　　参考文献 ………………………………………………………………………… 86

4　单一相Cs_2MnF_6红色荧光粉的制备和发光性能研究 ……………………… 89
4.1　荧光粉制备 …………………………………………………………………… 90
　　4.1.1　K_2MnF_6制备 ………………………………………………………… 90
　　4.1.2　共沉淀法制备Cs_2MnF_6 …………………………………………… 90
4.2　Cs_2MnF_6荧光粉的物相与结构 …………………………………………… 91
4.3　Cs_2MnF_6荧光粉光谱特性 ………………………………………………… 92
4.4　Cs_2MnF_6:Sc^{3+}和Cs_2MnF_6:Si^{4+}荧光粉的物相、形貌及晶体结构 … 93
4.5　Cs_2MnF_6:5%Sc^{3+}和Cs_2MnF_6:5%Si^{4+}的光致发光性能 ………… 96
4.6　固溶掺杂对Cs_2MnF_6荧光粉的热稳定性和荧光寿命的影响 …………… 98
4.7　基于Cs_2MnF_6:5%Si^{4+}的WLED器件应用 ………………………… 101
4.8　结论 …………………………………………………………………………… 104

参考文献 ·· 105

5　$Cs_2NbOF_5:Mn^{4+}$氟氧化物红色荧光粉的制备和发光性能研究 ·············· 108
　5.1　共沉淀法制备 $Cs_2NbOF_5:Mn^{4+}$ ··· 108
　5.2　$Cs_2NbOF_5:Mn^{4+}$荧光粉的物相、形态及组成 ························ 109
　5.3　$Cs_2NbOF_5:Mn^{4+}$荧光粉的光谱研究 ······································ 111
　　5.3.1　$Cs_2NbOF_5:Mn^{4+}$荧光粉的激发、发射和漫反射光谱 ·········· 111
　　5.3.2　$Cs_2NbOF_5:Mn^{4+}$荧光粉发光强度优化 ···························· 112
　5.4　$Cs_2NbOF_5:Mn^{4+}$荧光粉的热稳定性 ······································ 115
　5.5　$Cs_2NbOF_5:Mn^{4+}$在WLED器件中的应用 ······························· 116
　5.6　结论 ·· 117
　　参考文献 ·· 118

6　$K_2SiF_6:Mn^{4+}$和$K_2TiF_6:Mn^{4+}$荧光粉发光和耐水性能的提升研究 ······· 120
　6.1　实验过程 ·· 120
　6.2　修复改性机理 ·· 121
　6.3　结构和形貌特征 ·· 124
　6.4　光致发光特性 ·· 126
　6.5　热猝灭特性 ·· 130
　6.6　元素组成 ·· 132
　6.7　耐水性能 ·· 134
　6.8　电致发光性能 ·· 136
　6.9　结论 ·· 138
　　参考文献 ·· 139

7　非HF法合成$K_2TiF_6:Mn^{4+}$红色荧光粉 ·· 141
　7.1　实验样品的制备 ·· 141
　　7.1.1　$MnO(OH)_2$的制备 ··· 142
　　7.1.2　$K_2TiF_6:Mn^{4+}$荧光粉的制备 ·· 142
　7.2　HCl合成$K_2TiF_6:Mn^{4+}$荧光粉 ·· 143
　7.3　H_2SO_4合成$K_2TiF_6:Mn^{4+}$荧光粉 ··· 144
　　7.3.1　$K_2TiF_6:Mn^{4+}$荧光粉的相结构 ·· 144
　　7.3.2　$K_2TiF_6:Mn^{4+}$荧光粉的发光性能 ···································· 145
　7.4　HNO_3合成$K_2TiF_6:Mn^{4+}$荧光粉 ··· 145

7.4.1 $K_2TiF_6:Mn^{4+}$ 荧光粉的相结构 ………………………………… 145
7.4.2 $K_2TiF_6:Mn^{4+}$ 荧光粉的形貌 …………………………………… 146
7.4.3 $K_2TiF_6:Mn^{4+}$ 荧光粉的发光性能 ……………………………… 146
7.5 H_3PO_4 合成 $K_2TiF_6:Mn^{4+}$ 荧光粉 …………………………………… 148
7.6 HNO_3/H_3PO_4 合成 $K_2TiF_6:Mn^{4+}$ 荧光粉 ………………………… 149
7.7 不同酸下合成 $K_2TiF_6:Mn^{4+}$ 荧光粉的性能对比 …………………… 151
7.8 不同酸下合成 $K_2TiF_6:Mn^{4+}$ 荧光粉的合成机理 …………………… 153
7.9 反应物用量、反应条件对 $K_2TiF_6:Mn^{4+}$ 荧光粉性能的影响 ……… 154
    7.9.1 Ti/F 比对 $K_2TiF_6:Mn^{4+}$ 荧光粉性能的影响 …………………… 154
    7.9.2 反应温度对 $K_2TiF_6:Mn^{4+}$ 荧光粉性能的影响 ………………… 155
    7.9.3 反应时间对 $K_2TiF_6:Mn^{4+}$ 荧光粉性能的影响 ………………… 157
    7.9.4 Mn^{4+} 掺杂浓度对 $K_2TiF_6:Mn^{4+}$ 荧光粉性能的影响 ………… 159
7.10 $K_2TiF_6:Mn^{4+}$ 荧光粉的形貌分析 …………………………………… 160
7.11 $K_2TiF_6:Mn^{4+}$ 荧光粉的光学性能分析 ……………………………… 162
7.12 结论与展望 ………………………………………………………………… 167
参考文献 ……………………………………………………………………………… 168

1 绪 论

1.1 引 言

2014年，诺贝尔物理学奖颁发给了日本科学家天野浩（Hiroshi Amano）、赤崎勇（Isamu Akasaki）和美籍日裔科学家中村修二（Shuji Nakamur），以表彰他们在蓝光发光二极管（light emitting diode，LED）方面所作出的创造性贡献，他们的工作为白光 LED（WLED）光源的开发奠定了基础。以 WLED 为基础的半导体照明和显示是 21 世纪最具发展潜力的战略性新兴产业，是国家"十三五"发展规划的优先重点支持发展领域，对促进国家经济社会发展和产业创新发展具有重要意义。我国科技部也指出："十三五"是我国半导体照明产业"由大变强"的关键时期。在半导体 LED 照明显示技术快速发展的大时代背景下，人们对照明、显示技术的追求已经从光效层次提升至光品质与多功能应用等方面。

WLED 是新型固态照明光源，相比于传统的荧光灯和节能灯，LED 具有节能、体积小、寿命长等优点，又因 LED 的激发光源不需要添加有害汞，故其生产和后处理过程中都不会对环境产生有害影响，安全环保[1~3]。因此，WLED 自 20 世纪 90 年代开始进入市场以来就一直很受关注，被誉为 21 世纪新型绿色照明光源。近十几年来，因蕴藏着巨大的发展潜力、广阔的发展空间和显著的经济社会效益，WLED 的发展异常迅猛，已从刚开始的应用于生活、装饰等照明领域，发展到现在的背光源显示屏领域。目前，中、小尺寸平板电脑背光中，LED 使用率已近 100%，在液晶显示领域，其渗透率已超过 95%，智能手机背光应用中，LED 渗透率也已基本接近于 80%。另外，在笔记本电脑、电脑显示器、液晶电视等大尺寸背光应用领域，LED 基本渗透率已高达 100%。

1.1.1 WLED 的实现方案

白光是一种复合光，可采用红、绿、蓝三基色的光或者由其他颜色的光复合得到。对于 WLED 而言，其白光的实现涉及电致发光、光致发光以及多色光混合的三种光转换原理。其实现方案主要有以下三种，如图 1.1 所示[2]。

（1）红、绿、蓝三基色多芯片组合方案。如图 1.1（a）所示，即直接由红、绿、蓝三种单色光半导体芯片组合得到白光。由于这种三基色多芯片组合方案不需要荧光粉的参与，避免了能量转换损失，具有发光效率高的特点，同时其光色

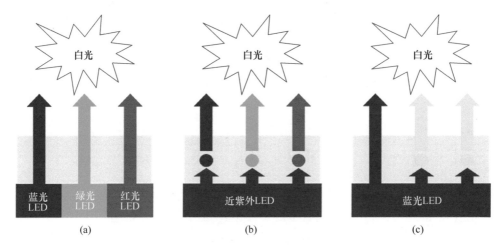

图 1.1 WLED 的三种实现方案

(a) 红+绿+蓝三基色 LED；(b) 紫外/近紫外 LED+红+绿+蓝三基色荧光粉；(c) 蓝光 LED+黄色荧光粉

和色域可调。这种方案的不足之处主要在于：三种芯片元件的驱动电流、热稳定性及老化速度不同，随照明时间延长会出现光色漂移现象；涉及复杂的控制电路，对封装技术要求高；再者，绿光 LED 电光转化效率过低。

(2) 紫外/近紫外 LED 激发三基色荧光粉组合方案。如图 1.1（b）所示，在紫外/近紫外 LED 芯片上按一定比例涂覆可被紫外/近紫外光激发的红、绿、蓝三基色荧光粉，经三基色混色原理形成白光。该类 WLED 器件的光色仅取决于荧光粉，且能够被紫外/近紫外光高效激发的荧光粉种类繁多，易获得高显色指数、色温可调的 WLED。目前，国内外常用的紫外/近紫外 LED 芯片发光波长处于近紫外波段（350~410nm）。三基色荧光材料主要为：蓝色荧光粉 $Sr_5(PO_4)_3Cl:Eu^{3+}$，主峰波长位于 474nm；绿光荧光粉 $BaMgAl_{10}O_{17}:Eu^{2+}$，$Mn^{2+}$，发光中心波长位于 515nm；红色荧光粉 $Y_2O_2S:Eu^{2+}$，最强发射峰位于 626nm。然而，这类基于紫外/近紫外芯片制造的 WLED 也存在着大的斯托克斯位移导致光转换效率欠佳的问题，同时，器件透光率较低，甚至可能发生紫外/近紫外光泄漏。

(3) 蓝光 LED 芯片激发黄色荧光粉组合方案。常用的组合方式是在蓝光 LED 芯片（InGaN，460~480nm）上涂覆 $Y_3Al_5O_{12}:Ce^{3+}$（YAG:Ce^{3+}）黄色荧光粉。如图 1.1（c）所示，基于光颜色的补色原理，YAG:Ce^{3+} 黄色荧光粉受蓝光 LED 芯片激发发射出黄光，黄光与未被吸收的源于 LED 芯片的蓝光复合互补得到白光。随着蓝光 LED 芯片和 YAG:Ce^{3+} 黄粉发光性能的不断优化，该组合方案封装的 LED 器件具有封装工艺简单、光转换效率高、光效高、热稳定性好的优点，是当前主流的商用 WLED 照明光源。

随着 WLED 在照明及显示领域的应用不断拓展，其对发光效率、色温（如2700K）、显色指数（>85）、色域（>90%NTSC）等性能指标的要求也越来越高。当前商业化的 WLED 普遍采用"蓝光芯片+黄粉"方式实现，但该方式由于在发射区域缺少红色组分，使得 LED 器件显色性低、色温偏高、色域窄，进而发射出对人眼有严重刺激的冷白光，这在很大程度上限制了其进一步的推广应用[2,4~6]。为解决上述问题，由"近紫外 LED+红绿蓝三基色（RGB）荧光粉"实现白光发射的方式逐渐兴起。但是，无论以上述哪种方式实现白光发射，红色荧光粉都是不可或缺的。因此，对高性能红色荧光粉的研究和开发已经引起了国内外研究学者的广泛关注与兴趣。

1.1.2 WLED 用红色荧光粉的种类

目前能被蓝光激发的红色荧光粉主要分为硫化物体系、钨/钼酸盐体系、氮化物体系、氟化物体系等四类，以下介绍前三种，氟化物体系在后文着重介绍。

1.1.2.1 硫化物体系红色荧光粉

硫化物体系主要为 $Ca_{1-x}Sr_xS:Eu^{2+}$ 红色荧光粉，该荧光粉在蓝光区域能被有效激发。2005 年，Hu 等人[7]在 CO 还原气氛下采用高温固相法对 $Ca_{1-x}Sr_xS:Eu^{2+}$ 荧光粉进行了制备，该荧光粉在 430~450nm 激发下能发出明亮的红光。随着锶元素和钙元素比值的减小，荧光粉最强发射峰从 609nm 红移至 647nm，且发光强度也逐渐增强。除了通过改变 Sr/Ca 比值能使发光强度增强外，Smet 等人[8]还发现掺杂 Ce^{3+} 也能使 $Ca_{1-x}Sr_xS:Eu^{2+}$ 的发光增强。$Ca_{1-x}Sr_xS:Eu^{2+}$ 能很好地与蓝光 LED 芯片相匹配，发出红光，但在高温下硫化物不稳定，容易分解并产生有害气体，污染环境并使人体健康受到威胁。

1.1.2.2 钨/钼酸盐体系红色荧光粉

由于钨/钼酸盐具有非常稳定的物理化学性质，且在低温条件下也具有良好的发光特性[9,10]，因此被广泛地应用为荧光粉的基质材料。目前研究较多的为 $NaLn(MoO_4)_2:Eu^{3+}$（Ln = Gd，Y）、$Gd_2(MoO_4)_3:Eu^{3+}$、$CaMoO_4:Eu^{3+}$ 等红色荧光粉。

（1）$NaLn(MoO_4)_2:Eu^{3+}$（Ln = Gd，Y）系列荧光粉。2004 年，Neeraj 等人[11]报道了 $NaY_{1-x}(WO_4)(MoO_4):xEu^{3+}$ 荧光粉，该荧光粉在 395nm 和 463nm 激发下，最强发射峰在 616nm 处，其发光强度比硫化物红色荧光粉强。2014 年，Fu 等人[12]研究了 $NaLn(MoO_4)_2:Eu^{3+}$（Ln = Gd，Y）微米和纳米级荧光粉，该荧光粉

显示了强的466nm吸收，发射主峰位于616nm，适合于蓝光LED激发的WLED。

（2）$Gd_2(MoO_4)_3:Eu^{3+}$系列荧光粉。2007年，Zhao等人[13]通过添加助熔剂在高温下合成了$α-Gd_2(MoO_4)_3:Eu^{3+}$红色荧光粉，并研究了助熔剂的量对荧光粉结构、形貌、发光的影响。结果表明在395nm和465nm下荧光粉均能被激发，发射峰在613nm处。助熔剂的量对荧光粉的结晶度、形貌、发光性能具有一定的影响，当助熔剂掺杂量为3%时，样品发光最强，形貌为球形，颗粒均匀分散。

（3）$CaMoO_4:Eu^{3+}$系列荧光粉。2005年，Hu等人[14]采用高温固相法对$CaMoO_4:Eu^{3+}$荧光粉进行了合成，该荧光粉在394mm和464nm激发下均能发出明亮的红光。与硫化物相比，$CaMoO_4:Eu^{3+}$荧光粉具有更强的发光强度及更高的色纯度。2005年，Wang等人[15]合成了$(Li_{0.333}Na_{0.334}K_{0.333})(MoO_4)_2:Eu^{3+}$荧光粉，表明可以和400nm的InGaN芯片封装成强发射的WLED。

除上述荧光粉外，钨/钼酸盐体系中还有一些荧光粉[16~18]也能被近紫外和蓝光激发发出红光，如$M_5(WO_4)_{1-x}(MoO_4)_x:Eu^{3+}$（M=Li，Na，K）荧光粉，该荧光粉的发光强度会随Mo/W比值变化而改变，主要是由于Eu^{3+}周围的晶体场环境变化所导致的。

Eu^{3+}掺杂的钨/钼酸盐荧光粉在被紫外光和蓝光激发下均能发出明亮的红光，与硫化物红色荧光粉相比其具有发光性能强、稳定性好的优点，但是由于其为带状激发，导致其对光的吸收率低，使其应用于WLED受到限制。

1.1.2.3 氮化物体系红色荧光粉

氮化物体系中典型红粉为$M_2Si_5N_8:Eu^{2+}$（M=Ca，Sr，Ba）和$CaAlSiN_3:Eu^{2+}$，这两种荧光粉目前已实现商业化，目前WLED中主要应用的红粉为$CaAlSiN_3:Eu^{2+}$荧光粉。近年来，高效窄带发射$Sr[LiAl_3N_4]:Eu^{2+}$红粉也被报道出来。

$M_2Si_5N_8:Eu^{2+}$（M=Ca，Sr，Ba）系列荧光粉中，不同荧光粉的晶体结构是有一定差异的。其中$Ca_2Si_5N_8$属于单斜晶系[19]，空间群为Cc，但$Sr_2Si_5N_8$和$Ba_2Si_5N_8$却属于正交晶系[20]，空间群为$Pmn2_1$。虽然三种物质的晶体结构有所不同，但是其中硅氮化物的硅氮配位情况却是相似的。在$M_2Si_5N_8:Eu^{2+}$（M=Ca，Sr，Ba）荧光粉中，当Eu^{2+}占据碱土金属离子格位后，Eu^{2+}的d轨道将受到晶体场的影响而产生劈裂，使得发射光谱红移，从而实现宽谱带红光发射[21]。2001年，Hintzen等人[22]对$M_2Si_5N_8:Eu^{2+}$（M=Ca，Sr，Ba）荧光粉进行了报道并申请了欧洲专利。由于该荧光粉具有很好的物化性能，且发光优异，在此之后成为一个研究热点。2006年，Piao等人[21]发现在$Sr_2Si_5N_8:Eu^{2+}$荧光粉中，随着Eu^{2+}掺杂浓度的增加，荧光粉的最强发射峰将从618nm处红移至690nm处。2006年，Xie等人[6]对$Sr_2Si_5N_8:Eu^{2+}$荧光粉进行了研究，结果表明该荧光粉在150℃下的发光强度与室温相比只降低了14%，说明荧光粉热稳定性能良好。2008年，Xie等人[23]通过比对不同碱土金属离子下合成的 $M_2Si_5N_8:Eu^{2+}$ (M=Ca, Sr, Ba) 荧光粉，发现随着碱土金属离子半径的增大，荧光粉的发射峰将会红移。

2004年，日本物质材料研究机构合成了另一种在蓝光激发下能发出红光的 $CaAlSiN_3:Eu^{2+}$ 荧光粉[24]。2006年，Uheda等人[25]对 $CaAlSiN_3:Eu^{2+}$ 荧光粉进行了报道，该荧光粉在250~600nm间具有宽峰激发，荧光粉发射带位于550~800nm。适当提高 Eu^{2+} 掺杂浓度，荧光粉的发射峰将会蓝移，这与 $Sr_2Si_5N_8:Eu^{2+}$ 所发生的现象相反。2009，Watanabe等人[26]通过使用锶离子取代钙离子，也使得 $Ca_{1-x}Sr_x\text{-}AlSiN_3:Eu^{2+}$ 荧光粉的发射峰出现蓝移。锶离子与钙离子半径不同导致激活离子处的晶体场环境改变而使发射峰蓝移。Xie等人[6]在150℃时对 $CaAlSiN_3:Eu^{2+}$ 荧光粉的发光强度进行了测试，通过对比发现发光强度与室温相比只降低了11%，优于 $Sr_2Si_5N_8:Eu^{2+}$ 荧光粉。

$M_2Si_5N_8:Eu^{2+}$ (M=Ca, Sr, Ba)、$CaAlSiN_3:Eu^{2+}$ 荧光粉均为红光宽带发射，在改善白光LED色温、显色指数等性能指数上并没有窄带红光发射的荧光粉有效。2014年，Pust等人[27]研制出了 $Sr[LiAl_3N_4]:Eu^{2+}$ 红色荧光粉。该荧光粉在蓝光发射下，发射谱带为窄带发射。在200℃时，发光强度与室温下相比只降低了5%，展现出极好的抗热猝灭性能。将荧光粉封装成WLED器件后，其具有优异的显色指数，且流明效率也比商用WLED高出14%。上述结果表明，高效窄带红光发射的荧光粉对提高WLED的显色指数和发光效率有很大的作用。

氮化物体系红色荧光粉与其他体系相比，呈现出物理化学性能稳定、热稳定性好、发光性能优异等优点。但目前商用的WLED红粉 $CaAlSiN_3:Eu^{2+}$ 荧光粉也存在着以下缺点：荧光粉的合成条件较为苛刻，需要在高温、高压的条件下合成；设备要求高、生产成本高；$CaAlSiN_3:Eu^{2+}$ 荧光粉的激发带与 $YAG:Ce^{3+}$ 荧光粉的发射带有重叠，会发生重吸收现象，导致WLED发光效率下降；此外，如上所述 $CaAlSiN_3:Eu^{2+}$ 荧光粉为宽带发射，在改善色温和显色指数上没有窄带发射红色荧光粉有效。

为了满足暖白光LED的需求，继续开发有效的红色荧光粉是十分必要的。相较于 Eu^{2+} 掺杂的氮化物红色荧光粉 $M_2Si_5N_8:Eu^{2+}$ (M=Ba, Sr, Ca)[28~30]和 (Ca, Sr, Ba)$AlSiN_3:Eu^{2+}$[25]，过渡金属 Mn^{4+} 掺杂的红色荧光粉是一个很好的选择。一方面，具有 $3d^3$ 电子组态的 Mn^{4+} 通常在八面体配位环境中是比较稳定的，基质可以为 Mn^{4+} 提供合适的晶体场和共价键；另一方面，锰在自然界中的含量较为丰富，相较稀土离子更价廉易得。因此，过渡金属 Mn^{4+} 掺杂红色荧光粉凭借其宽带吸收、窄带发射、温和的生产工艺、低廉的合成原料等的优势引起了广泛的关注。

1.2 固体材料中 Mn^{4+} 的发光特性

1.2.1 Mn^{4+} 的能级特征

Mn^{4+} 的 3d^3 电子考虑电子间的静电相互作用可产生 8 个 L-S 耦合项，即 ^4F 基态和 ^4P、^2G、^2P、$^2D_{(1)}$、^2F、$^2D_{(2)}$、^2H 激发态。当 Mn^{4+} 掺杂到晶格中时，这些 L-S 耦合项将被劈裂为几个能级，这些能级高度依赖于 Mn^{4+} 的局部位置对称性。图 1.2 推导并绘制了 Mn^{4+} 位于 O_h 和 D_{3d} 位点对称位置时的详细能级[31,32]。在考虑到自旋-轨道相互作用后，所有图中出现的能级可以进一步劈裂成几个亚能级。典型地，$^4A_2$ 基态和 ^2E 发射态都劈裂成两个亚能级，于是来自于 ^2E 上、下亚能级的发射分别被命名为 R$_1$、R$_2$ 零声子线（ZPLs）。

由于 Mn^{4+} 在 6 配位环境中具有很大的配位场稳定化能，Mn^{4+} 的发射中心通常更倾向于位于基质的八面体位或准八面体位。当 Mn^{4+} 处于理想的八面体位时，Tanabe-Sugano 能级图可以用来很好地描述晶体场强度对 Mn^{4+} 能级的影响[33]，如图 1.2（b）所示。值得注意的是，除了 $^2T_1$ 和 ^2E 态外，大多数多重线能量与晶体场强度密切相关。Mn^{4+} 的室温光致激发和发射光谱是已知的[34]，如图 1.2（c）所示，图中出现的两个强烈的宽激发或吸收带主要归因于 Mn^{4+} 自旋允许的 $^4A_2 \rightarrow {^4T_1}$ 和 $^4A_2 \rightarrow {^4T_2}$ 跃迁。当电子被激发到 $^4T_1$ 和 $^4T_2$ 激发态时，处于这些中间态的电子将无辐射弛豫到 ^2E 态，进而从中检测到来自于自旋禁戒的 $^2E \rightarrow {^4A_2}$ 跃迁的窄带发射线。

在室温下还发现两个激发带由若干间隔为几百个波数的部分组成。这样的声子复制体样结构（phonon replica-like structure）可以理解为是一种振动累进，是由叠加在电子跃迁上的基频振动与基质中主八面体的不对称振动相结合而成。n 阶振动边带的强度（I_n^{ex}）与零声子线的吸收强度（I_0^{ex}）密切相关，其关系式的表达如下[34,35]：

$$I_n^{ex} = I_0^{ex} \exp(-\bar{n}) \frac{(\bar{n})^n}{n!} \quad (1.1)$$

式中，$\bar{n}$ 为平均声子（局部振动）数。

图 1.2（c）中的垂直线是 $^4A_2 \rightarrow {^4T_1}$ 和 $^4A_2 \rightarrow {^4T_2}$ 跃迁分别对应 $\bar{n}$ 为 4 和 7 的情况下，用式（1.1）估算的结果。计算结果可以用来确定零声子线（$\bar{n}=0$）的能量。$^2E_g \rightarrow {^4A_2}$ 的能级差接近自由离子 $^2G \rightarrow {^4F}$ 的能量差，自由离子静电项的能量由 Racah 参数 B 和 C 决定。如图 1.2（d）所示，低温（3~30K）高分辨率发射光谱清晰地呈现了主要的声子耦合振动跃迁，即 Mn^{4+} 在固体中的声子边带[31]。正如图 1.2（a）的理论预测，在 30K 时可以观察到 $^2E \rightarrow {^4A_2}$ 跃迁的 R$_1$ 和 R$_2$ 零声子

线。同时，随着温度的降低，R_2 线的发光强度逐渐变弱，直到温度到达 3K 时消失，这归因于 $Mn^{4+}\,^2E$ 的上亚能级的热去激发。

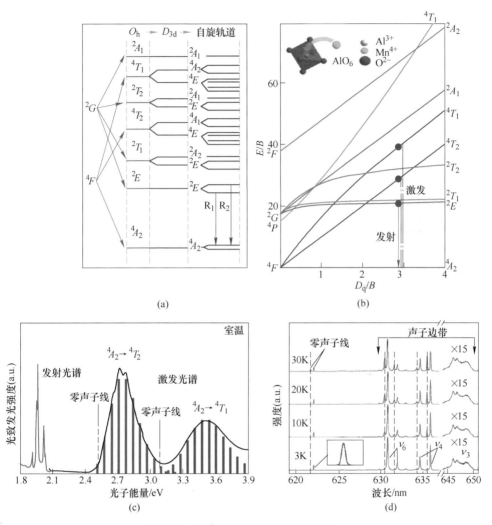

图 1.2 Mn^{4+} 的能级劈裂和发光性质

（a）自旋-轨道相互作用下，位于 D_{3d} 对称晶体位 Mn^{4+} 的能级劈裂；（b）八面体晶体场中 d^3 电子组态的 Tanabe-Sugano 图，插图说明了 Mn^{4+} 进入基质占据八面体中的具体位置；（c）室温下，$K_2SiF_6:Mn^{4+}$ 的激发（λ_{em}=630nm）、发射（λ_{ex}=460nm）光谱，计算的零声子线以及振动边带；（d）低温（3~30K）下，$K_2TiF_6:Mn^{4+}$ 的高分辨率发射光谱，插图为 3K 下放大后的 R_1 零声子线[31~35]

1.2.2 Mn^{4+} 的光学参数

表 1.1 总结了 Mn^{4+} 掺杂不同氟化物荧光粉的相关光谱参数（$\bar{n}$，ZPL，

$E(^2E \rightarrow {}^4A_2)$ 和 D_q）的具体数值。由于 Mn^{4+} 的 3d 电子在最外层，Mn^{4+} 的晶体场环境对不同能级间的电子跃迁有显著影响，因此，将 Mn^{4+} 置于不同基质中可以实现覆盖整个红光区域的发射。Na_3AlF_6 基质八面体环境对 Mn^{4+} 能级的影响可以通过 Tanabe-Sugano 能级图来描述，如图 1.3 所示。当 $D_q/B \geqslant 2.2$ 时，晶体场可以被认为是强晶体场；反之，则是弱晶体场。来源于 Mn^{4+} 的 $^4A_{2g} \rightarrow {}^4T_{1g}$（360nm）和 $^4A_{2g} \rightarrow {}^4T_{2g}$（468nm）跃迁的激发峰，对应的平均峰值能量分别为 27778cm^{-1} 和 21368cm^{-1}。晶体场强度 D_q 可通过 $^4A_{2g} \rightarrow {}^4T_{2g}$ 跃迁的峰值能量来确定，其计算公式如下：

$$D_q = E(^4A_{2g} \rightarrow {}^4T_{2g})/10 \qquad (1.2)$$

表 1.1 不同氟化物荧光粉中 Mn^{4+} 的光谱参数

基质	晶体结构	声子数 $\bar{n}$		零声子线 ZPL/eV	$E(^2E \rightarrow {}^4A_2)$ /eV	晶体场强度 D_q/cm^{-1}	参考文献
c-K$_2$MnF$_6$	立方	3	10	2.57	2.90	1.99	2070	[36]
K$_2$SiF$_6$	立方	4	7	2.52	3.09	2.00	2030	[37]
KNaSiF$_6$	正交	3	9	2.52	2.93	2.00	2030	[38]
Na$_2$SiF$_6$	三方	4	9	2.44	2.90	2.01	1970	[39]
K$_2$GeF$_6$	三方	4	11	2.44	2.80	1.99	1970	[49]
BaSiF$_6$	三方	4	9	2.43	2.86	1.99	1960	[41]
K$_2$SnF$_6$	正交	4	9	2.42	2.87	2.0	1950	[42]
BaTiF$_6$	三方	4	9	2.42	2.84	1.99	1950	[43]
Na$_2$SnF$_6$	四方	4	9	2.39	2.38	2.00	1930	[44]
Cs$_2$SnF$_6$	三方	4	10	2.83	2.76	1.99	1920	[44]
h-KMnF$_6$	六方	6	13	2.37	2.67	2.00	1910	[42]

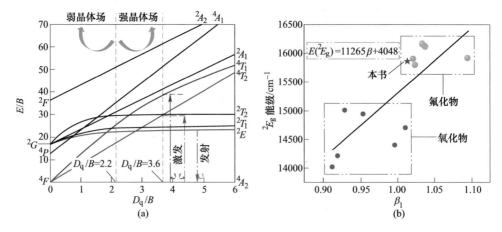

图 1.3 位于 Na_3AlF_6 基质八面体位 Mn^{4+}（3d）电子构型的 Tanab-Sugano 能级图（a）和不同基质中 Mn^{4+} 的 $E(^2E_g \rightarrow {}^4A_{2g})$ 峰值能与计算的 β_1 的关系图（b）[32,45,46]

根据 $E(^4A_{2g} \to ^4T_{2g})$ 和 $E(^4A_{2g} \to ^4T_{1g})$ 跃迁间的峰值能量差（6410cm^{-1}），式（1.3）可以用来计算 Racah 参数 B：

$$D_q/B = 15(x-8)/(x^2-10x) \tag{1.3}$$

其中，参数 x 定义为：

$$x = [E(^4A_{2g} \to ^4T_{1g}) - E(^4A_{2g} \to ^4T_{2g})]/D_q \tag{1.4}$$

根据发射光谱中最强发射峰（630nm），Mn^{4+} 的 $E(^2E_g \to ^4A_{2g})$ 跃迁峰值能量为 15873cm^{-1}，Racah 参数 C 可以通过以下公式来计算：

$$E(^2E_g \to ^4A_{2g})/B = 3.05C/B + 7.9 - 1.8B/D_q \tag{1.5}$$

根据式（1.2）~式（1.5），Na$_3$AlF$_6$ 基质晶体参数 D_q、B、C 的计算值分别为 2137cm^{-1}、598cm^{-1}、3754cm^{-1}。D_q 与 B 之比为 3.6，这明显大于强、弱晶体场的临界值（$D_q/B=2.2$），表明 Mn^{4+} 在 Na$_3$AlF$_6$ 基质中处于强晶体场中。事实上，Mn^{4+} 的峰值能量 $E(^2E_g \to ^4A_{2g})$ 与电子云重排效应有关，电子云重排效应主要受不同基质中 Mn^{4+} 与配体间波函数的作用。Brik 和 Srivastava 等人提出一个新的无量纲参数（β_1）[32,45]，它可以定量表示不同基质材料中 Mn^{4+} 的电子云重排效应，见式（1.6）：

$$\beta_1 = \sqrt{\left(\frac{B}{B_0}\right)^2 + \left(\frac{C}{C_0}\right)^2} \tag{1.6}$$

式中，B_0（1160cm^{-1}）和 C_0（4303cm^{-1}）为自由离子状态的 Racah 参数。对于 Na$_3$AlF$_6$:Mn^{4+} 红色荧光粉，Racah 参数 B 和 C 分别为 598cm^{-1} 和 3754cm^{-1}。因此，Mn^{4+} 在 Na$_3$AlF$_6$ 基质中计算所得的 β_1 为 1.013。

图 1.3（b）对已报道氟化物和氧化物基质中 $E(^2E_g \to ^4A_{2g})$ 峰值能量与电子云重排比 β_1 间的关联做了比较。同时，表 1.2 列出了相应的光谱数据和 β_1 值。不难发现所有的数据都能用 $E(^2E_g) = 11265\beta + 4048$ 线性方程很好地拟合。Mn^{4+} 在氟化物中 $E(^2E_g \to ^4A_{2g})$ 峰值能量大于氧化物，这是因为氟化物中的 Mn^{4+}—F$^-$ 键要比氧化物中的 Mn^{4+}—O^{2-} 多[46]。

表 1.2 不同基质中 Mn^{4+} 的 Racah 参数和 β_1 值

基质	D_q/cm^{-1}	B/cm^{-1}	C/cm^{-1}	β_1	$E(^2E_g)$/cm^{-1}	参考文献
Mg$_2$Al$_4$Si$_5$O$_{18}$	2141	927	2560	0.996	14409	[47]
LiLaMgWO$_6$	2101	724	2870	0.913	14025	[48]
Ca$_2$GdNbO$_6$	1976	826	2884	1.010	14706	[49]
Li$_3$Mg$_2$SbO$_6$	2096	812	2634	0.930	15015	[50]
Li$_2$GeO$_9$	2252	608	3423	0.953	14948	[51]
NaMgLaTeO$_6$	2092	696	2997	0.919	14225	[52]

续表 1.2

基质	D_q/cm^{-1}	B/cm^{-1}	C/cm^{-1}	β_1	$E(^2E_g)/\text{cm}^{-1}$	参考文献
KZnF$_3$	2105	607	3785	1.024	15797	[53]
Na$_2$TiF$_6$	2100	504	4053	1.037	16129	[54]
NaHF$_2$	2141	665	4016	1.095	15923	[55]
Na$_2$SnF$_6$	2101	589	3873	1.033	16171	[56]
K$_3$AlF$_6$	2141	672	3594	1.020	15898	[57]
Na$_3$AlF$_6$	2137	598	3754	1.013	15873	[46]

1.2.3 Mn^{4+}掺杂荧光粉的热稳定性

由于荧光粉通常会受到来自 LED 芯片的聚集热影响,因此热稳定性对保证荧光粉转换型器件的高效率是非常重要的。较高的热稳定性通常会延长 WLED 的寿命。图 1.4(a)展示了典型的随温度变化的发光光谱。随温度的升高发射强度的降低这种现象可以通过位型坐标图中的热猝灭来解释,如图 1.4(b)所示。相应的热猝灭激活能可以通过以下公式来计算得到[58,59]:

$$I_T = \frac{I_0}{1 + C \times \exp\left(-\dfrac{E_a}{kT}\right)} \tag{1.7}$$

式中,I_0,I_T 分别为初始发射强度和对应温度 T 下的发射强度;C 为常数;E_a 为需要计算的热猝灭激活能;k 为玻耳兹曼常数。

图 1.4 中的实验数据可以很好地通过式(1.7)来拟合。热猝灭激活能 E_a 值反映了荧光粉的热稳定性,通常热猝灭激活能越高,粉体热稳定性越好。

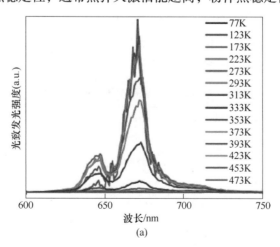

(a)

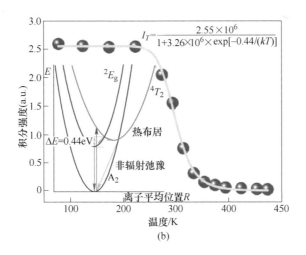

图 1.4 $Y_3Al_5O_{12}:Mn^{4+}$（YAG）红粉典型的温度依赖发射光谱（a）和 Mn^{4+} 积分红光发射强度随温度的变化图[58,59]（b）

（图（b）中插图提供了 YAG 基质中 Mn^{4+} 的位型坐标图，说明可能存在的热猝灭过程）

1.3 Mn^{4+} 激活氟化物红色荧光粉的研究进展

1.3.1 Mn^{4+} 激活氟化物红粉的体系

2008 年，日本群马大学 Sadao Adachi 等人报道了用湿化学剂蚀法制备 $K_2SiF_6:Mn^{4+}$ 红色荧光粉[60]，由于其具有窄带红光发射、宽蓝光激发带、发射光谱位于人眼敏感曲线内等优点，迅速引起了学界和工业界的广泛关注。2014 年，中科院福建物构所陈学元和台湾大学刘如熹等人共同研发出一种阳离子交换法，采用该方法可以制备出内量子效率高达 98% 的 $K_2TiF_6:Mn^{4+}$ 红色荧光粉[31]，更是将 Mn^{4+} 掺杂的氟化物红色荧光粉推向了研究热潮，Mn^{4+} 掺杂的氟化物红色荧光粉也被誉为新一代红色荧光粉。自那时起，Mn^{4+} 掺杂的氟化物红色荧光粉的报道层出不穷，图 1.5 为参与氟化物基质组成的元素在元素周期表中的位置，图中用黄色标出。表 1.3 总结了近年来已报道的 Mn^{4+} 掺杂的氟化物红色荧光粉的晶体结构和发光性质。

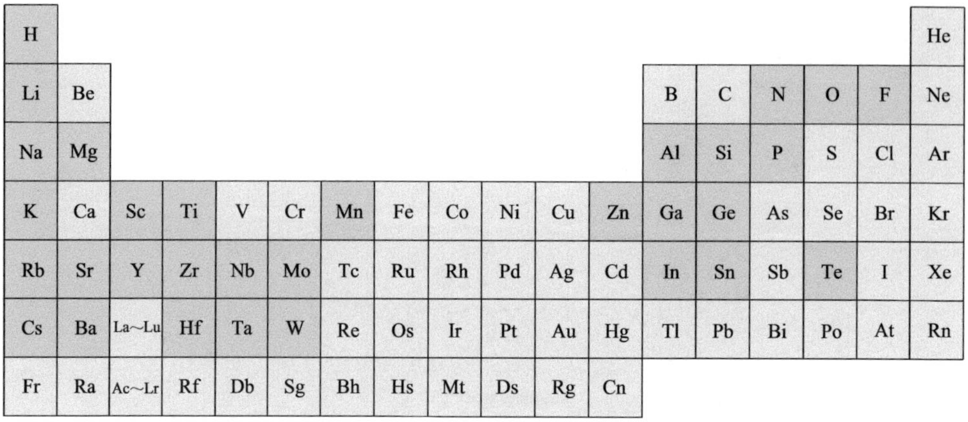

	H																He
	Li	Be											B	C	N	O	F	Ne
	Na	Mg											Al	Si	P	S	Cl	Ar
	K	Ca	Sc	Ti	V	Cr	Mn	Fe	Co	Ni	Cu	Zn	Ga	Ge	As	Se	Br	Kr
	Rb	Sr	Y	Zr	Nb	Mo	Tc	Ru	Rh	Pd	Ag	Cd	In	Sn	Sb	Te	I	Xe
	Cs	Ba	La~Lu	Hf	Ta	W	Re	Os	Ir	Pt	Au	Hg	Tl	Pb	Bi	Po	At	Rn
	Fr	Ra	Ac~Lr	Rf	Db	Sg	Bh	Hs	Mt	Ds	Rg	Cn						

图 1.5 氟化物基质组成元素在元素周期表中的位置（黄色标出）

表 1.3 已报道的 Mn^{4+} 掺杂的氟化物红色荧光粉的晶体结构和发光性质

体系	基质	晶体结构	激发峰/nm	发射峰/nm	ZPL/nm	量子效率/%	参考文献
A_2XF_6	$(NH_4)_2SiF_6$	立方，O_h^5-$Fm\bar{3}m$	380，480	632	弱	64.6[①]	[61]
	Na_2SiF_6	三方，D_3^2-$P321$	355，460	627	很强，618		[62]
	K_2SiF_6	立方，O_h^5-$Fm\bar{3}m$	349，450	630	弱	80[①]，54[②]	[63, 64]
	$KNaSiF_6$	正交，D_{2h}^{16}-$pnma$	355，460	629	很强，620	90[①]，41[②]	[38]
	Rb_2SiF_6	立方，O_h^5-$Fm\bar{3}m$	350，450	630	弱		[65]
	Cs_2SiF_6	立方，O_h^5-$Fm\bar{3}m$	353，454	633	弱		[66]
	$(NH_4)_2GeF_6$	三方，D_{3d}^3-$P\bar{3}m1$	365，468	633	弱		[61]
	Na_2GeF_6	三方，D_3^2-$P321$	355，460	627	很强，617		[62, 67]
	K_2GeF_6	三方，D_{3d}^3-$P\bar{3}m1$	357，461	631	弱	54[②]	[68, 69]
	K_2GeF_6	六方，C_{6v}^4-$P6_3mc$		631	很强，621		[68]
	Rb_2GeF_6	六方，C_{6v}^4-$P6_3mc$	360，460	630	很强，620	73[①]，57[②]	[70]
	Cs_2GeF_6	立方，O_h^5-$Fm\bar{3}m$	352，456	633	弱		[71]
	$(NH_4)_2SnF_6$	三方，D_{3d}^3-$P\bar{3}m1$	365，468	633	弱		[61]
	Na_2SnF_6	四方，D_{4h}^{14}-$P4_2/mnm$	360，470	626	弱		[44]
	$K_2SnF_6 \cdot H_2O$	正交，D_{2h}^{24}-$Fddd$	365，465	632	较强，623		[72]
	$NaKSnF_6$	正交，$Pna21$ (33)	378，467	627	很强，618	84[①]	[73]
	Cs_2SnF_6	三方，D_{3d}^3-$P\bar{3}m1$	370，470	633	弱		[44]
	$(NH_4)_2TiF_6$	三方，D_{3d}^3-$P\bar{3}m1$	380，480	632	弱	16.4[①]	[61]
	Na_2TiF_6	三方，D_3^2-$P321$	355，460	627	很强，617		[67]
	K_2TiF_6	三方，D_{3d}^3-$P\bar{3}m1$	355，456	631	弱	98[①]	[31, 74]

续表1.3

体系	基质	晶体结构	激发峰/nm	发射峰/nm	ZPL/nm	量子效率/%	参考文献
A$_2$XF$_6$	Rb$_2$TiF$_6$	三方, D_{3d}^3-$P\bar{3}m1$	468	630	弱	91[①]	[75]
	Cs$_2$TiF$_6$	三方, D_{3d}^3-$P\bar{3}m1$	360, 471	632	弱		[76]
	Li$_2$ZrF$_6$	三方, D_{3d}^3-$P\bar{3}m1$	376, 463	631	弱		[77]
	Rb$_2$ZrF$_6$	三方, D_{3d}^3-$P\bar{3}m1$	360, 474	629	弱	75[①]	[78]
	Cs$_2$ZrF$_6$	三方, D_{3d}^3-$P\bar{3}m1$	364, 475	631	弱	56.9[①]	[79]
	Rb$_2$HfF$_6$	三方, D_{3d}^3-$P\bar{3}m1$	360, 465	630	弱	55.6[①]	[80]
	Cs$_2$HfF$_6$	三方, D_{3d}^3-$P\bar{3}m1$	379, 477	632	弱	90[①]	[80, 81]
BXF$_6$	BaSiF$_6$	三方, D_{3d}^5-$R\bar{3}m$	365, 466	632	弱		[82]
	ZnSiF$_6$·6H$_2$O	三方, C_{3i}^2-$R\bar{3}$	360, 460	630	弱		[83]
	BaGeF$_6$	三方, D_{3d}^5-$R\bar{3}m$	358, 460	634	弱		[84]
	ZnGeF$_6$·6H$_2$O	三方, C_{3i}^2-$R\bar{3}$	370, 470	630	弱		[83]
	BaSnF$_6$	三方, C_{3i}^2-$R\bar{3}$	368, 467	631	弱		[85]
	ZnSnF$_6$·6H$_2$O	三方, C_{3i}^2-$R\bar{3}$	370, 480	629	弱		[86]
	BaTiF$_6$	三方, D_{3d}^5-$R\bar{3}m$	356, 466	634	弱	73.2[①]	[87]
	ZnTiF$_6$·6H$_2$O	三方, C_{3i}^2-$R\bar{3}$	360, 465	631	弱	26[①], 6[②]	[88]
A$_3$MF$_6$	Na$_3$AlF$_6$	单斜, C_{2h}^5-$P2_1/c$	356, 465	627	很强, 620		[89]
	K$_2$LiAlF$_6$	立方, O_h^5-$Fm\bar{3}m$	360, 460	635	较强, 625		[90]
	K$_3$AlF$_6$	四方, C_{4h}^6-$I4_1/a$	360, 460	626	较强, 618	88[①], 51[②]	[91]
	K$_2$NaAlF$_6$	立方, O_h^5-$Fm\bar{3}m$	464	630	很强, 624	58.4[①]	[92]
	Cs$_2$KAlF$_6$	立方, O_h^5-$Fm\bar{3}m$	469	632	弱	50.6[①]	[93]
	Cs$_3$AlF$_6$	立方, O_h^5-$Fm\bar{3}m$	361, 467	634	弱	48.2[①]	[94]
	Na$_3$GaF$_6$	单斜, C_{2h}^5-$P2_1/c$	360, 467	627	较强, 620	69[①]	[95]
	K$_2$LiGaF$_6$	立方, O_h^5-$Fm\bar{3}m$	363, 467	635	较强, 626	20[①]	[96, 97]
	K$_3$GaF$_6$	四方, C_{4h}^6-$I4_1/a$	467	626	较强, 618	46[①]	[98]
	K$_2$NaGaF$_6$	立方, O_h^5-$Fm\bar{3}m$	365, 467	629	较强, 621	61[①]	[99]
A$_2$NF$_7$	K$_2$TaF$_7$	单斜, C_{2h}^5-$P2_1/c$	362, 461	627	很强, 619	99.6[①]	[100]
	K$_2$NbF$_7$	单斜, C_{2h}^5-$P2_1/c$	369, 467	628	很强, 620	71.3[①]	[100, 101]
A$_2$NO$_x$F$_{6-x}$	Cs$_2$NbOF$_5$	三方, $P3$	371, 474	633	弱	63.4[①]	[102]
	Rb$_2$NbOF$_5$	三方, D_{3d}^3-$P\bar{3}m1$	630, 465	631	弱	68[①], 19[②]	[103]
	Na$_2$WO$_2$F$_4$	正交, $Pbcn$	367, 469	619	超强, 619	76.6[①]	[104]
	Cs$_2$WO$_2$F$_4$	三方, D_{3d}^3-$P\bar{3}m1$	374, 470	632	弱		[105]

注：空白表示无参考数据。
① 表示内量子效率；② 表示外量子效率。

从表 1.3 中可以看到，短短数年时间，Mn^{4+} 掺杂的氟化物红粉体系已发展成为涵盖：(1) A_2XF_6:Mn^{4+}(A=Li, Na, K, Rb, Cs, NH_4; X=Si, Ge, Sn, Ti, Zr, Hf)；(2) $BXF_6(6H_2O)$:Mn^{4+}(B=Ba, Zn; X=Si, Ge, Sn, Ti)；(3) A_3MF_6:Mn^{4+}(A=Li, Na, K, Rb, Cs, NH_4; M=Al, Ga)；(4) A_2NF_7:Mn^{4+}(A=Na, K; N=Ta, Nb)；(5) $A_2NO_xF_{6-x}$:Mn^{4+}(A=Na, K, Rb, Cs; $x=1$, N=Ta, Nb; $x=2$, N=W, Mo) 等的庞大家族。尽管种类繁多，基质各不相同，但是因为 Mn^{4+} 在八面体环境中特殊的电子构型，其能级分布几乎不受晶体场强度的影响，光谱性质非常稳定。因此，Mn^{4+} 掺杂的氟化物是非常有应用前景的 WLED 用红色荧光粉，其中 K_2SiF_6:Mn^{4+} 红色荧光粉已经实现了商业化。

1.3.2 Mn^{4+} 激活氟化物红粉的合成方法

氟化物基质具有强的离子性和高温易分解的特点，所以不太适合采用高温固相法来制备 Mn^{4+} 掺杂的氟化物红色荧光粉。Mn^{4+} 激活的氟化物红色荧光粉通常是在室温或低温条件下采用湿化学法合成，如湿化学刻蚀法、水热法、共沉淀法、离子交换法等。

1.3.2.1 湿化学刻蚀法

湿化学刻蚀法在 2008 年由日本群马大学 Sadao Adachi 等人提出，室温下通过在含有碱金属高锰酸盐（$AMnO_4$）和碱金属氟化物（AF）的混合水溶液中刻蚀金属（Si, Ge, Zr, Sn, Ti）或金属氧化物（SiO_2, GeO_2, ZrO_2, SnO_2, TiO_2）得到 A_2MF_6:Mn^{4+}(A=K, Na, Cs, NH_4; M=Si, Ge, Zr, Sn, Ti) 红色荧光粉[40,62,63,106,107]。以湿化学刻蚀法合成 K_2SiF_6:Mn^{4+} 和 K_2TiF_6:Mn^{4+} 荧光粉为例，其合成示意图如图 1.6 所示。湿化学刻蚀法的合成机理是高锰酸盐发生氧化还原反应生成 Mn^{4+}，进入遭受刻蚀所形成的 A_2MF_6 基质材料中，从而得到 A_2MF_6:Mn^{4+} 红色荧光粉。由于高锰酸盐氧化还原过程非常缓慢，导致湿化学刻蚀法的效率非常低，反应时间很长。2013 年，Liao 等人[108]通过在该体系中加入 H_2O_2 对湿化学刻蚀法进行了改进，即在 SiO_2 加入 HF/$KMnO_4$ 水溶液中之后再加入 H_2O_2，与高锰酸钾发生氧化还原反应，加快 Mn^{7+} 还原为 Mn^{4+}，大大提高了反应速率，缩短了反应时间，获得了更高内量子效率（74%）的 K_2SiF_6:Mn^{4+} 红色荧光粉。然而，该制备方法也存在着明显的缺点，例如锰离子（+2, +3, +4, +6, +7）的价态难以控制，氧化还原过程中可能会大量生成非四价的锰离子导致发光效率下降，易产生 MnO_2 杂质、HF 用量大、所合成的荧光粉颗粒不均一、后处理繁琐、产率低等。

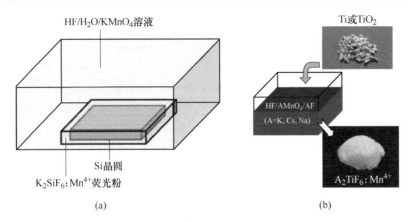

图 1.6　湿化学刻蚀法制备 Mn^{4+} 掺杂氟化物红色荧光粉的流程示意图
(a) $K_2SiF_6:Mn^{4+}$ 红粉[63]；(b) $K_2TiF_6:Mn^{4+}$ 红粉[109]

1.3.2.2　水热法

2014 年 Lv 等人[110]采用水热法成功合成了 $K_2SiF_6:Mn^{4+}$ 荧光粉，以 KF 为钾源、SiO_2 为硅源、$KMnO_4$ 为锰源、20%（质量分数）的 HF 水溶液为溶剂，将它们一起放入反应釜中，在 120℃下保温反应 12h，自然冷却后即得到 $K_2SiF_6:Mn^{4+}$ 红色荧光粉。由于水热法可以通过加热营造出高温高压的环境，可以增强物质的溶解度，提高反应活性，因此非常适合制备 Mn^{4+} 掺杂的难溶性氟化物红色荧光粉，例如 $BaXF_6:Mn^{4+}$（X=Si，Ge，Sn，Ti）。该课题组又采用水热法合成了具有棒状形貌的 $BaTiF_6:Mn^{4+}$ 红色荧光粉[111]。2015 年，Zhou 等人在水热条件下合成了由许多微米棒组成的花状形态 $BaGeF_6:Mn^{4+}$ 红粉[84]。2016 年，Gao 等人在水热条件下，如图 1.7 所示，通过改变反应时间、反应温度和反应物 Ba 源可以获得

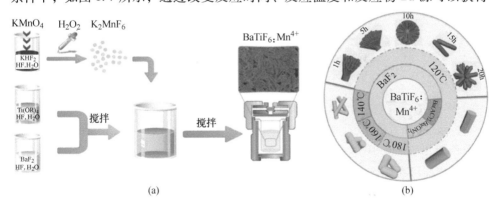

图 1.7　水热法制备 Mn^{4+} 掺杂氟化物（$BaTiF_6:Mn^{4+}$）红色荧光粉的流程示意图 (a)
和 $BaTiF_6:Mn^{4+}$ 在不同合成条件下的形态演变示意图 (b)[87]

形貌可控的 $BaTiF_6:Mn^{4+}$ 红色荧光粉[87]。总体而言，采用水热法制备的氟化物红粉具有形貌规则、颗粒分散性良好、粒径均一、结晶度高的优点。然而由于锰离子对反应温度非常敏感，在高温高压下 Mn^{4+} 非常不稳定，易转变为其他价态，导致发光效率下降，因此采用水热法制备的 Mn^{4+} 掺杂氟化物红粉的发光性能普遍较低。

1.3.2.3 阳离子交换法

2014 年，Zhu 等人首次采用阳离子交换法制备了内量子效率高达 98% 的 $K_2TiF_6:Mn^{4+}$ 红色荧光粉[31]，如图 1.8 所示。通过将提前制备好的锰源 K_2MnF_6 前驱体和 K_2TiF_6 基质材料一起溶于少量（2mL）的 HF 溶液中，室温下搅拌使 Mn^{4+} 与基质中心离子 Ti^{4+} 进行阳离子交换即可获得高效的 $K_2TiF_6:Mn^{4+}$ 红色荧光粉。该研究小组又进一步采用该方法合成了一系列的 Mn^{4+} 激活氟化物红色荧光粉，例如 $K_2SiF_6:Mn^{4+}$、$NaYF_4:Mn^{4+}$ 和 $NaGdF_4:Mn^{4+}$。阳离子交换法具有操作简单、反应时间短、HF 酸用量小、相对环保、所合成荧光粉发光效率高的优点。然而，该方法仍然有不足之处，即对于在 HF 酸中溶解度低的基质，其中心离子与 Mn^{4+} 交换效率很低，导致 Mn^{4+} 掺杂量很低。

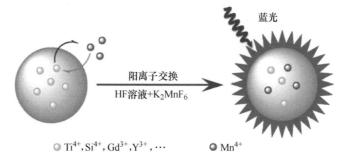

图 1.8　阳离子交换法制备 Mn^{4+} 掺杂氟化物红色荧光粉的机理示意图[31]

1.3.2.4 共沉淀法

2014 年，Nguyen 等人首次采用一步共沉淀法合成出了 $Na_2SiF_6:Mn^{4+}$ 红色荧光粉[39]，如图 1.9 所示。将 $NaMnO_4$ 加入提前制备好的 H_2SiF_6 溶液中溶解，然后再添加含有 $1mL\ H_2O_2$ 和 $15mL\ HF$ 的沉淀剂 NaOH 或 Na_2CO_3、Na_2SO_4、NaF 溶液，剧烈搅拌数分钟，利用 H_2O_2 将 Mn^{7+} 还原为 Mn^{4+}，即可获得 $Na_2SiF_6:Mn^{4+}$ 红色荧光粉。由于 H_2O_2 与 MnO_4^- 氧化还原反应非常剧烈，MnO_4^- 的还原程度难以控制，易产生其他的锰离子价态或锰的杂质。为此，该课题组又进一步提出两步共沉淀法[39]（如图 1.10 所示），首先按照德国科学家 Bode 于 1953 年提出的方法合成出稳定的四价锰源 K_2MnF_6 前驱体[112],然后将其溶解在 H_2SiF_6 溶液中,最后添加沉淀剂 NaOH 或 Na_2CO_3 或 Na_2SO_4 或 NaF 溶液,剧烈搅拌数分钟,即可获得发光性能更加优异的 $Na_2SiF_6:Mn^{4+}$ 红色荧光粉。之后,Wang 的课题组采用这种两步共沉淀方法合成了一系列的 $A_2XF_6:Mn^{4+}$(A = Rb,Cs;X = Ge,Ti,Zr,Hf)红色荧光粉[71,76,79,80,113]。Zhang 的课题组也采用两步共沉淀法开发出了一系列发光性能优异的 Mn^{4+} 不等价掺杂的 $A_3MF_6:Mn^{4+}$(A = Na,K,Rb,Cs;M = Al,Ga)红色荧光粉[89,91~93,95,98]。共沉淀法具有 Mn^{4+} 价态可控、操作简单、粉体产率高、可重复性高、成本低、普适性广的优点,基本适合大多数 Mn^{4+} 激活的氟化物红色荧光粉的制备。

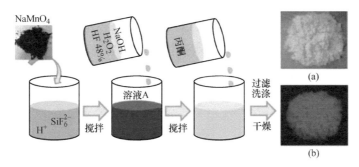

图 1.9 一步共沉淀法制备 Mn^{4+} 掺杂氟化物红色荧光粉的流程示意图[39]
(a)荧光粉体色;(b)发光图片

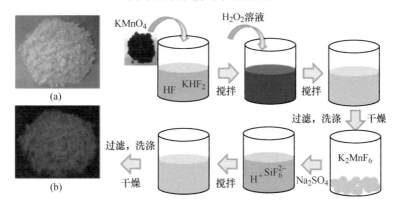

图 1.10 两步共沉淀法制备 Mn^{4+} 掺杂氟化物红色荧光粉的流程示意图[39]
(a)荧光粉体色;(b)发光图片

1.3.3 现有 Mn^{4+} 激活氟化物红粉存在的主要问题及解决方法

Mn^{4+} 掺杂的氟化物红色荧光粉在近紫外区(300~400nm)和蓝光区(400~500nm)有较强的吸收,在 600~650nm 范围有超高色纯度的窄带线性红色荧光,发射峰位于人眼敏感的红光区,其最强吸收峰与商业蓝光 LED 芯片相匹配,可以应用于照明和广色域背光源显示领域，是新一代 WLED 用红色荧光粉。然而，这一类型的氟化物红粉仍然有一些问题亟待解决，如耐水性较差、合成过程中大量使用了 HF、外量子效率偏低、所合成的粉体颗粒形貌差、产率低等一系列问题。

1.3.3.1 耐湿性较差问题

Mn^{4+} 掺杂氟化物红色荧光粉对潮湿水汽十分敏感，尤其是在十分常见的高温高湿环境下，粉体外观颜色由橙色变成黑褐色，发光效率显著下降，变质而丧失发光能力，严重影响 LED 器件的使用寿命，直接限制了其在 WLED 中的应用。其发光性能劣化的本质原因是粉体颗粒表面 [MnF_6]$^{2-}$ 阴离子基团遇水不稳定，易水解形成锰的氧化物致荧光粉发光效率减弱[114]。只有解决了 Mn^{4+} 掺杂氟化物红色荧光粉的耐湿性问题，才能将其大规模应用于 WLED 器件中。

提高 Mn^{4+} 掺杂氟化物红色荧光粉的耐湿性能可以通过在粉体颗粒表面构建保护层，以达到防水的目的。在过去几年里，国内外研究学者提出了各种各样的解决方案来提高氟化物荧光粉的耐湿性，这些可以有效增强氟化物红色荧光粉耐湿性能的方法，对氟化物红色荧光粉的商业化具有重要意义。

2015 年 Nguyen 等人[115]报道了一种制备 50~100nm 厚度的耐湿烷基磷酸盐涂层的红色氟化物荧光粉的简便方法（见图 1.11）。采用共沉淀法合成了 $K_2SiF_6:Mn^{4+}$

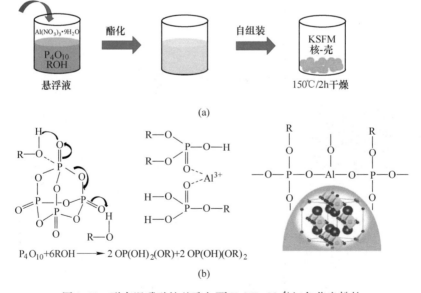

图 1.11 耐高温磷酸烷基酯包覆 $K_2SiF_6:Mn^{4+}$ 红色荧光粉的
流程示意图（a）和机理图（b）[115]

颗粒，然后通过 P_2O_5 与醇（甲醇、乙醇和异丙醇）的酯化作用进行涂覆，使用过渡金属离子作为烷基磷酸酯部分间的交联剂，最终获得带有涂覆层的荧光粉。涂覆的荧光粉颗粒表现出高耐水性，在高湿度（85%）和高温（85℃）条件下老化一个月后仍保持其初始外量子效率的约87%。

2017年 Arunkumar 等人[116]报道了一种具有有机疏水性涂层的遇水稳定的氟化物红色荧光粉。使用油酸（OA）作为疏水性包覆剂，通过溶剂热处理，形成无金属、有机钝化的涂层。与其他造成初始效率损失的荧光粉涂层不同，OA 钝化的 $K_2SiF_6:Mn^{4+}$（KSF-OA）荧光粉具有稳定发光效率的独特性质。由于 OA 的疏水性，且可以与 K_2SiF_6 中的氟相互作用形成氢键（F⋯H），合成了遇水稳定的 KSF-OA 荧光粉。在高温（85℃）和湿度（85%）下 450h 后，能保持 85% 的发光强度。为证明该策略的普适性，又将其应用于另一种湿气敏感的 $SrSi_2O_2N_2:Eu^{2+}$ 荧光粉，也显示出了水稳定性增强，在相同条件下 500h 后保持 85% 的发射强度。

Zhou 等人[117]通过在 $K_2TiF_6:Mn^{4+}$（KTF）表面上使用超疏水的十八烷基三甲氧基硅烷（ODTMS）对其表面进行改性（见图1.12），此方法显著地改善了荧光粉 $K_2TiF_6:Mn^{4+}$ 的耐湿性能和热稳定性，且吸收、量子效率没有发生明显变化。改性的 $K_2TiF_6:Mn^{4+}$ 的发光效率在水中分散 2h 或在高温（85℃）、高湿（85%）环境下老化 240h 后仍分别保持在 83.9% 或 84.3%。采用改性 KTF 荧光粉制造的 WLED 具有优异的色彩再现性，色温低（2736K），显色指数高（R_a = 87.3，R_9 =

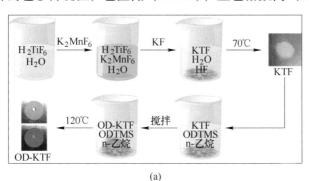

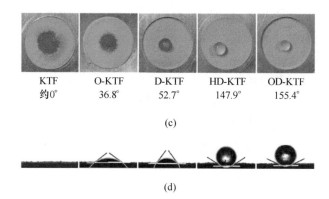

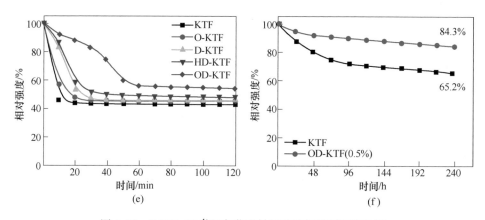

图 1.12 $K_2TiF_6:Mn^{4+}$ 红色荧光粉的硅烷偶联剂包覆处理

(a) 流程示意图；(b) 机理图；(c) $K_2TiF_6:Mn^{4+}$ 红粉包覆前后的水滴图片

(d) 与图 a) 对应的水接触角；(e) $K_2TiF_6:Mn^{4+}$ 红粉包覆前后的水浸实验；

(f) 高温、高湿环境下 $K_2TiF_6:Mn^{4+}$ 红粉包覆前后的老化实验[117]

80.6)，300mA 驱动电流时具有高达 100.6lm/W 的发光效率。

2018 年，Huang 等人[118]未使用有毒和挥发性的 HF 溶液，开发了一种绿色合成方法，合成出了均匀的复合荧光粉 $K_2SiF_6:Mn^{4+}@K_2SiF_6$(KSFM@KSF)，具有优异的耐水性和高的发光效率。在浸入水中 6h 后，所获得的 KSFM@KSF 保持了原始发射强度的 76%，而不防水的 KSFM 的发射强度急剧下降至 11%。在 85% 湿度和 85℃保持 504h（21 天）后，所获得的 KSFM@KSF 的发射强度保持其初始值的 80%~90%，这比 KSFM 的 30%~40%高出 2~3 倍。研究表明 H_3PO_4/H_2O_2 水溶液既促进了表面 $[MnF_6]^{2-}$ 的释放和分解又加速了 KSFM 表面向 KSF 的转化，最终有助于均匀的 KSFM@KSF 复合结构的形成。

2018 年，Huang 等人[119]又报道了一种新的策略，即以还原性 DL-扁桃酸（DL-C$_8$H$_8$O$_3$，MA）负载制备出具有出色的防潮性能的红光发射 Mn^{4+} 掺杂氟化物荧光粉。制备好的 K$_2$GeF$_6$：Mn^{4+}@MA（KGFM@MA）不仅保持了与原始 KGFM 相同的高发光性能，而且还表现出极高的防湿性能。即使经过 168h 的水浸实验，KGFM@MA 保持了其初始发射强度的 98%。负载的 MA 可以原位分解由 KGFM 水解产生的深棕色水解产物。

Fang 等人[120]提出了集成的表面改性过程方法，过程包括在初始合成步骤中、对合成的粉末后处理中及在应用荧光粉在白色发光二极管（WLED）器件中，以提高 K$_2$TiF$_6$：Mn^{4+} 荧光粉的发光性能和稳定性。主要有表面蚀刻以去除 K$_2$TiF$_6$：Mn^{4+} 中的杂质和小颗粒，双壳涂层在 K$_2$TiF$_6$：Mn^{4+} 外形成稳定的保护层，WLED 器件的表面采用原子沉积。

2019 年，Huang 等人[121]报道了一种反向阳离子交换策略来构建具有核壳结构的 K$_2$TiF$_6$：Mn^{4+}@K$_2$TiF$_6$ 荧光粉。外部纯 K$_2$TiF$_6$ 壳层不仅可以作为内部 MnF$_6^{2-}$ 基团的保护层，防止空气水分进入引起水解，还可以有效地切断能量迁移到表面缺陷的路径，从而提高发光效率。采用 K$_2$TiF$_6$：Mn^{4+}@K$_2$TiF$_6$ 作为红色荧光粉的封装 WLED 具有发光效率高达 162lm/W，CCT 为 3510K，显色指数为 93。该装置在 85℃ 和 85% 湿度下进行 480h 的老化测试表明，相对其初始值，发光仍保持在 89%。

Jiang 等人[122]通过构建具有 Mn^{4+} 表面还原的保护性失活层来克服耐水性差的问题，采用具有适当还原能力的处理溶液以获得同时具有高亮度和耐水性的 Rb$_2$SnF$_6$：Mn^{4+}。结果表明，低浓度的还原剂溶液处理过的 Rb$_2$SnF$_6$：Mn^{4+} 在室温和沸水中浸泡 3h，保留了与其初始颜色类似的鲜红色，且保持了大于 95% 的初始发光强度。最后，通过采用还原剂处理的 Rb$_2$SnF$_6$：Mn^{4+} 作为红色荧光粉，制造出 CRI 为 90、CCT 为 3936K 和发光效率为 106.24lm/W 的 WLED。

Liu 等人[123]采用低温共沉淀法合成了 Cs$_2$SiF$_6$：Mn^{4+} 红色荧光粉，并使用 H$_2$O$_2$ 对其进行钝化。该荧光粉具有高的外部量子效率（EQE），并且在暴露于高温（85℃）和高湿（85%）条件下 168h 后表现出优异的水稳定性，保持了其初始发射强度的 74%。应用钝化的 Cs$_2$SiF$_6$：Mn^{4+} WLED 器件，具有 133lm/W 的发光效率和 84.7% 的色域。同年，Zhou 等人[124]也使用 H$_2$O$_2$ 对 K$_2$XF$_6$：Mn^{4+}（KXF，X=Ti，Si，Ge）荧光粉做表面钝化处理。经过钝化处理后，荧光粉的外量子效率保持在原来的 96% 以上，在水中浸泡 12h 后，其相对发光强度仍然保持在初始值的 97% 以上。使用钝化荧光粉制备的 WLED 在 85℃ 和 85% 湿度下 100 天后，相关色温无显著变化。

Meng 等人[125]报道了一种沸石包封的 Cs$_2$SiF$_6$：Mn^{4+}（CSFM-Y）复合材料，合成方法充分利用了沸石的多孔结构和孔内阳离子交换的特点。稳定性试验表明，在85%湿度和85℃条件下，含CSFM-Y的发光二极管在120h后发光效率仅降低4%，而使用纯Cs_2SiF_6:Mn^{4+}制作的发光效率下降了28%。

Dong等人[126]通过涂覆CaF_2于K_2TiF_6:Mn^{4+}（KTF@CaF_2）表面来提高K_2TiF_6:Mn^{4+}荧光粉的耐湿性和发光性能。经过CaF_2处理后，荧光材料的表面形貌发生了一定程度的变化，荧光材料的发光强度有所提高。耐湿性试验表明，KTF@CaF_2荧光粉的发光强度保持不变，而纯K_2TiF_6:Mn^{4+}被水解后发光强度下降。2019年，Verstraete等人[127]以K_2SiF_6:Mn^{4+}为例，研究了用原子层沉积法（ALD）沉积氧化铝或二氧化钛涂层，以改善氟化物荧光粉粒子对疏水涂层的黏附性能。结果表明，Al_2O_3种子层沉积后出现分层和起泡，与ALD时的表面反应有关。与Al_2O_3相比，TiO_2层具有较高的均匀性和共形性。Liu等人[128]采用化学气相沉积法在高温下分解乙炔，生成的纳米碳层作为以疏水保护涂层沉积在K_2SiF_6:Mn^{4+}表面。室温下，在水中浸泡8h后K_2SiF_6:Mn^{4+}@C荧光粉的相对发射强度可保持73%的初始发光强度，而无碳涂层的K_2SiF_6:Mn^{4+}仅为初始值的0.7%。

2020年，Hong等人[129]提出了另一种核壳结构的设计思路，通过包覆聚丙二醇（PPG）和$NaGdF_4$:Dy^{3+}纳米粒子来改善$BaGeF_6$:Mn^{4+}红色荧光粉的性能。PPG涂层不仅可以改善$BaGeF_6$:Mn^{4+}荧光粉的表面缺陷，提高发光强度，还可以提高荧光粉的耐水性。PPG被认为是连接$BaGeF_6$:Mn^{4+}荧光粉和$NaGdF_4$:Dy^{3+}纳米颗粒的吸附介质层。制备的$BaGeF_6$:Mn^{4+}@PPG-$NaGdF_4$:Dy^{3+}复合荧光粉在紫外光激发下可同时发出蓝、黄、红光。

1.3.3.2 氢氟酸使用问题

Mn^{4+}掺杂的氟化物红色荧光粉在合成过程中普遍使用了对人体有害、易挥发、高腐蚀性的HF溶液。从安全生产和绿色环保的角度出发，合成过程中使用HF是不可取的。2016年，Huang等人[130]采用一种无HF水热法合成了K_2SiF_6:Mn^{4+}红色荧光粉，其合成示意图如图1.13所示。这种方法的关键是制备$Mn(HPO_4)_2$前驱体溶液，首先使用具有还原性的$CH_2O·K$溶液与强氧化性的$KMnO_4$反应生成$MnO(OH)_2$沉淀，所得的$MnO(OH)_2$沉淀溶于稀H_3PO_4溶液配成$Mn(HPO_4)_2$溶液，作为前驱体溶液。之后，在反应釜中加入一定量的$Mn(HPO_4)_2$溶液、SiO_2和KHF_2，搅拌均匀后转移到水热反应器中在180℃下保温6h，冷却后进行离心、洗涤、真空干燥，即得到内量子效率为28%的K_2SiF_6:Mn^{4+}红色荧光粉。该课题组又采用该方法以Li_3PO_4、$AlPO_4$、KHF_2为原料，以$MnO(OH)_2$为四价锰源成功合成了K_2LiAlF_6:Mn^{4+}红色荧光粉[39]。2018年，Hou等人[131]在室温下以NH_4F/HCl溶液代替有剧毒的HF溶液成功合成了K_2SiF_6:Mn^{4+}红色荧光粉。将KF、NH_4F和购买所得的K_2MnF_6溶于8mL水中，再依次加入HCl和$Si(OC_2H_5)_4$，搅拌 3h 后即得到内量子效率高达 92% 的 $K_2SiF_6:Mn^{4+}$ 红色荧光粉。

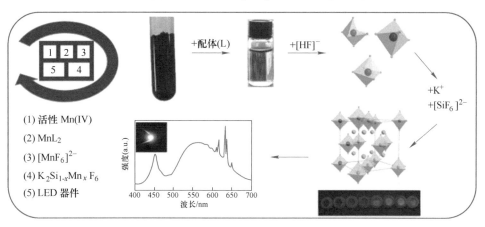

(1) 活性 Mn(IV)
(2) MnL_2
(3) $[MnF_6]^{2-}$
(4) $K_2Si_{1-x}Mn_xF_6$
(5) LED 器件

图 1.13　无 HF 绿色制备 $K_2SiF_6:Mn^{4+}$ 红色荧光粉的机理示意图[130]

1.3.3.3　外量子效率低问题

高外量子效率的 Mn^{4+} 激活氟化物红色荧光粉是制造高流明效率 WLED 器件的关键要素之一。目前，Mn^{4+} 激活氟化物红色荧光粉的内量子效率已经较高，如 Zhu 等人[31]采用阳离子交换法制备出了内量子效率高达 98% 的 $K_2TiF_6:Mn^{4+}$ 红色荧光粉，但是由于 Mn^{4+} 其 d-d 跃迁的宇称禁阻特性，使得 Mn^{4+} 激活氟化物红色荧光粉的外量子效率不高，所报道的 Mn^{4+} 激活氟化物红色荧光粉的外量子效率普遍低于 55%。本质上，可以通过降低 Mn^{4+} 局域配位结构对称性或轨道混杂的办法，提高 d-d 跃迁概率进而提高外量子效率。此外，荧光粉的形貌、粒径、Mn^{4+} 掺杂量、表面缺陷等因素也会影响荧光粉的外量子效率。2017 年，Song 等人[132]通过增加 Mn^{4+} 掺杂量的方法增强氟化物荧光粉对蓝光的吸收效率，进而提高氟化物荧光粉的外量子效率。他们采用一种冰浴共沉淀法合成出了 Mn^{4+} 掺杂量高达 10.75%（摩尔分数）、内量子效率为 89%、外量子效率为 71% 的 $Cs_2SiF_6:Mn^{4+}$ 红色荧光粉。2018 年，Zhou 等人[133]提出一种超快自结晶的策略合成了内量子效率为 93%、吸收效率为 78%、外量子效率高达 73% 的 $K_2GeF_6:Mn^{4+}$ 红色荧光粉，图 1.14 所示为其合成示意图。首先，将 K_2GeF_6 和 K_2MnF_6 溶解在 HF 溶液（氟化物良好溶剂）中形成黄色混合溶液，之后加入适量无水乙醇（氟化物不良溶剂）引起 $K_2GeF_6:Mn^{4+}$ 的超快自结晶，从而获得高效的氟化物红色荧光粉。

1.3.3.4　粉体产率低和形貌差问题

现有 Mn^{4+} 激活氟化物红色荧光粉除了存在以上提到的这些问题之外，粉体

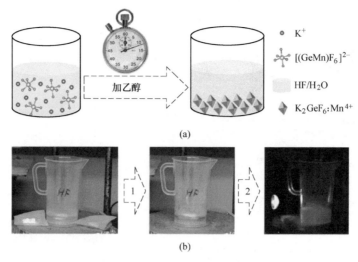

图 1.14 超快自结晶策略制备高外量子效率 $K_2GeF_6:Mn^{4+}$
红粉的机理图（a）和流程示意图（b）[133]

产率低和形貌差也是限制其大规模工业化应用的关键因素。荧光粉的产率低会消耗更多的原料，增加生产成本。所合成出的粉体形貌差、粒径不均一、粉体团聚、表面缺陷多等一系列缺点不仅需要繁杂的后处理过程，增加生产成本，而且会影响 WLED 器件的性能和光色品质。众所周知，湿化学刻蚀法原料利用率非常低，存在着产率低的问题。2013 年，Liao 等人[108]通过在该体系中引入 H_2O_2 对湿化学刻蚀法进行改进，加快其反应进程，仅需 10min 就获得了更高产率的内量子效率为 74% 的 $K_2SiF_6:Mn^{4+}$ 红色荧光粉，表 1.4 给出了刻蚀过程有无 H_2O_2 时不同反应时间的 $K_2SiF_6:Mn^{4+}$ 红色荧光粉的粉体产率。

表 1.4 不同反应时间 $K_2SiF_6:Mn^{4+}$ 红色荧光粉（SiO_2 用量 1g）的粉体产量[108]

反应时间/min	$K_2SiF_6:Mn^{4+}$ 粉体产量/g	
	有 H_2O_2	无 H_2O_2
10	2.20	—①
30	2.20	—①
180	2.20	0.10
360	2.20	0.19
720	2.20	0.35
1080	2.20	0.44
1440	2.20	0.45

① 表示未获得 $K_2SiF_6:Mn^{4+}$ 红色荧光粉。

从表 1.4 中可以看出，尽管 H_2O_2 的引入，缩短了反应时间，大大提高了粉体产率，但是计算的粉体产率仅有 60%，仍然非常低，而且颗粒形貌也极其不规则,粒径不均一。2018 年,Yi 等人[134]采用共沉淀法使用甲醇作为沉淀剂合成出了粉体产率为 77% 的 $K_2NaAlF_6:Mn^{4+}$ 红色荧光粉。Hou 等人[131]采用 NH_4F/HCl 溶液代替有剧毒的 HF 合成出了粉体产率为 85% 的 Mn^{4+} 掺杂 K_2SiF_6 红色荧光粉,但其颗粒不规则、粒径不均一。图 1.15 给出了部分典型氟化物红粉的扫描电子显微镜图像[135],从图中可以看出,绝大部分氟化物红粉都呈现出大尺寸、分布不均匀、粒径不均一和形态无规则的形貌。迄今为止,仍然没有一种 Mn^{4+} 激活的氟化物红粉具有超高的合成产率(接近 100%)和形态规则、粒径均一、颗粒

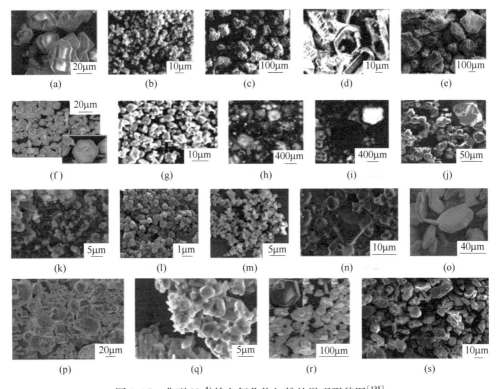

图 1.15 典型 Mn^{4+} 掺杂氟化物红粉的微观形貌图[135]

(a) $K_2SiF_6:Mn^{4+}$; (b) $K_2ZrF_6:Mn^{4+}$; (c) $Na_2ZrF_6:Mn^{4+}$; (d) $K_2TiF_6:Mn^{4+}$; (e) $Na_2SnF_6:Mn^{4+}$;
(f) $Cs_2SnF_6:Mn^{4+}$; (g) $K_2SnF_6:Mn^{4+}\cdot H_2O$; (h) 立方 $(NH_4)_2SiF_6:Mn^{4+}$;
(i) 三方 $(NH_4)_2SiF_6:Mn^{4+}$; (j) KSFM 湿化学刻蚀法使用 H_2O_2 和 SiO_2 制备的 $K_2SiF_6:Mn^{4+}$;
(k) $Na_2SiF_6:Mn^{4+}$; (l) $Na_2GeF_6:Mn^{4+}$; (m) $Na_2TiF_6:Mn^{4+}$; (n) $Rb_2SiF_6:Mn^{4+}$;
(o) 使用 $Ti(OC_4H_9)_4$ 制备的 $K_2TiF_6:Mn^{4+}$; (p) 使用 H_2SiF_6 通过一步共沉淀法制备的 $K_2SiF_6:Mn^{4+}$;
(q) $Na_2SiF_6:Mn^{4+}$; (r) $K_2GeF_6:Mn^{4+}$; (s) 两步共沉淀法制备的 $Cs_2ZrF_6:Mn^{4+}$

尺寸适合、分散性良好的形貌,尤其是球形形貌,这些都是对粉体后续在 LED 中应用特别理想的特性。解决 Mn^{4+} 激活氟化物红色荧光粉产率低和形貌差问题可以

从两个方面考虑：第一，改良合成方法提高粉体产率，同时改善形貌；第二，开发出具有超高合成产率和均一球形形态的新型 Mn^{4+} 激活氟化物红色荧光粉。

参 考 文 献

[1] Kim Y H, P Arunkumar, B Y Kim, et al. A zero-thermal-quenching phosphor [J]. Nature Materials, 2017, 16 (5): 543~550.

[2] Ye S, Xiao F, Pan Y X, et al. Phosphors in phosphor-converted white light-emitting diodes: Recent advances in materials, techniques and properties [J]. Materials Science and Engineering: R: Reports, 2010, 71 (1): 1~34.

[3] Chen J, Li C, Hui Z, et al. Mechanisms of Li^+ ions in the emission enhancement of $KMg_4(PO_4)_3$:Eu^{2+} for white light emitting diodes [J]. Inorganic Chemistry, 2017, 56 (3): 1144~1151.

[4] Feldmann C, Jüstel T, Ronda C R, et al. Inorganic luminescent materials: 100 years of research and application [J]. Advanced Functional Materials, 2003, 13 (7): 511~516.

[5] Qiang Y, Yu Y, Chen G, et al. A flux-free method for synthesis of Ce^{3+}-doped YAG phosphor for white LEDs [J]. Materials Research Bulletin, 2016, 74: 353~359.

[6] Xie R J, Hirosaki N. Silicon-based oxynitride and nitride phosphors for white LEDs-A review [J]. Science and Technology of Advanced Materials, 2007, 8 (7~8): 588~600.

[7] Hu Y, Zhuang W, Ye H, et al. Preparation and luminescent properties of (Ca_{1-x}, Sr) S: Eu^{2+}, red-emitting phosphor for white LED [J]. Journal of Luminescence, 2005, 111 (3): 139~145.

[8] Smet P F, Moreels I, Hens Z, et al. Luminescence in sulfides: A rich history and a bright future [J]. Materials, 2010, 3 (4): 2834~2883.

[9] Sczancoski J C, Cavalcante L S, Joya M R, et al. $SrMoO_4$ powders processed in microwave-hydrothermal: Synthesis, characterization and optical properties [J]. Chemical Engineering Journal, 2008, 140 (1~3): 632~637.

[10] Wang J, Jing X, Yan C, et al. $Ca_{1-2x}Eu_xLi_xMoO_4$: A novel red phosphor for solid-state lighting based on a GaN LED [J]. Journal of the Electrochemical Society, 2005, 152 (3): G186~G188.

[11] Neeraj S, Kijima N, Cheetham A K. Novel red phosphors for solid-state lighting: the system $NaM(WO_4)_{2-x}(MoO_4)_x$:Eu^{3+} (M = Gd, Y, Bi) [J]. Chemical Physics Letters, 2004, 387 (1): 2~6.

[12] Fu Z, Wang X, Sheng T, et al. Photoluminescence properties and spectral structure analysis of $NaLn(MoO_4)_2$:Eu^{3+} (Ln = Gd, Y) phosphors [J]. J. Nanosci. Nanotechnol., 2014, 14: 3834~3839.

[13] Zhao X, Wang X, Chen B, et al. Luminescent properties of Eu^{3+} doped α-$Gd_2(MoO_4)_3$ phosphor for white light emitting diodes [J]. Optical Materials, 2007, 29 (12): 1680~1684.

[14] Hu Y, Zhuang W, Ye H, et al. A novel red phosphor for white light emitting diodes [J]. Journal of Alloys and Compounds, 2005, 390: 226~229.

[15] Wang Z, Liang H, Zhou L, et al. Luminescence of $(Li_{0.333}Na_{0.334}K_{0.333})Eu(MoO_4)_2$, and its application in near UV InGaN-based light-emitting diode [J]. Chemical Physics Letters, 2005, 412 (4): 313~316.

[16] Chiu C H, Liu C H, Huang S B, et al. Synthesis and luminescence properties of intensely red-emitting $M_5Eu(WO_4)_{4-x}(MoO_4)_x$ (M = Li, Na, K) phosphors [J]. Journal of the Electrochemical Society, 2008, 155 (3): J71~J78.

[17] Wang Z, Liang H, Zhou L, et al. $NaEu_{0.96}Sm_{0.04}(MoO_4)_2$ as a promising red-emitting phosphor for LED solid-state lighting prepared by the Pechini process [J]. Journal of Luminescence, 2008, 128 (1): 147~154.

[18] 杨志平, 韩勇, 李旭. 一种新型的白光 LED 用红色荧光粉 $SrMoO_4:Eu^{3+}$ [J]. 河北工业大学学报 (社会科学版), 2006, 21 (2): 13~15.

[19] Schlieper T, Schnick W. ChemInform Abstract: Nitrido Silicates. part 1. high temperature synthesis and crystal structure of $Ca_2Si_5N_8$ [J]. Cheminform, 1995, 621 (6): 1037~1041.

[20] Schlieper T, Schnick W. ChemInform Abstract: Nitrido Silicates. part 2. high temperature synthesis and crystal structure of $Sr_2Si_5N_8$ and $Ba_2Si_5N_8$ [J]. Cheminform, 1995, 621 (8): 1380~1384.

[21] Piao X, Horikawa T, Hanzawa H, et al. Characterization and luminescence properties of $Sr_2Si_5N_8:Eu^{2+}$ phosphor for white light-emitting-diode illumination [J]. Applied Physics Letters, 2006, 88 (16): L371.

[22] Hintzen H T, Van K J W H, Botty G. I R. Red Emitting Luminescent Material: EP, 1104799 [P]. 2001.

[23] Xie R J, Hirosaki N, Mitomo M. Oxynitride/nitride phosphors for white light-emitting diodes (LEDs) [J]. Journal of Electroceramics, 2008, 21 (1~4): 370~373.

[24] 广崎尚登, 上田恭太, 山元明. 荧光体和使用荧光体的发光装置: CN, CN102174324A [P]. 2011.

[25] Uheda K, Hirosaki N, Yamamoto Y, et al. Luminescence properties of a red phosphor, $CaAlSiN_3:Eu^{2+}$, for white light-emitting diodes [J]. Electrochemical and Solid-State Letters, 2006, 9 (4): H22~H25.

[26] Watanabe H, Imai M, Kijima N. Nitridation of AE AlSi for production of $AE\,AlSiN_3:Eu^{2+}$, nitride phosphors (AE = Ca, Sr) [J]. Journal of the American Ceramic Society, 2009, 92 (3): 641~648.

[27] Pust P, Weiler V, Hecht C, et al. Narrow-band red-emitting $Sr[LiAl_3N_4]:Eu^{2+}$ as a next-generation LED-phosphor material [J]. Nature Materials, 2014, 13 (9): 891.

[28] Höppe H A, Lutz H, Morys P, et al. Luminescence in Eu^{2+}-doped $Ba_2Si_5N_8$: fluorescence, thermoluminescence, and upconversion [J]. Journal of Physics and Chemistry of Solids, 2000, 61 (12): 2001~2006.

[29] Xie R J, Hirosaki N, Suehiro T, et al. A Simple, efficient synthetic route to $Sr_2Si_5N_8:Eu^{2+}$-based red phosphors for white light-emitting diodes [J]. Chemistry of materials, 2006, 18: 5578~5583.

[30] Li Y Q, van Steen J E J, van Krevel J W H, et al. Luminescence properties of red-emitting $M_2Si_5N_8:Eu^{2+}$ (M=Ca, Sr, Ba) LED conversion phosphors [J]. Journal of Alloys and Compounds, 2006, 417 (1~2): 273~279.

[31] Zhu H M, Lin C C, Luo W Q, et al. Highly efficient non-rare-earth red emitting phosphor for warm white light-emitting diodes [J]. Nature Communications, 2014, 5: 1~10.

[32] Brik M G, Camardello S J, Srivastava A M, et al. Influence of covalency on the $Mn^{4+}\ ^2E_g \rightarrow ^4A_{2g}$ emission energy in crystals [J]. ECS Journal of Solid State Science and Technology, 2014, 4 (3): R39~R43.

[33] Chen D, Zhou Y, Zhong J, et al. A review on Mn^{4+} activators in solids for warm white light-emitling diodes [J]. RSC Aolv., 2016, 6: 86285~86296.

[34] Kasa R, Adachi S. Red and deep red emissions from cubic $K_2SiF_6:Mn^{4+}$ and hexagonal K_2MnF_6 synthesized in $HF/KMnO_4/KHF_2/Si$ solutions [J]. Journal of The Electrochemical Society, 2012, 159 (4): J89~J95.

[35] Hoshino R, Sakurai S, Nakamura T, et al. Unique properties of $ZnTiF_6 \cdot 6H_2O:Mn^{4+}$ red-emitting hexahydrate phosphor [J]. Journal of Luminescence, 2017, 187: 160~168.

[36] Kasa R, Arai Y, Takahashi T, et al. Photoluminescent properties of cubic K_2MnF_6 particles synthesized in metal immersed $HF/KMnO_4$ solutions [J]. Journal of Applied Physics, 2010, 108: 113503.

[37] Li X Q, Su X M, Liu P, et al. Shape-controlled synthesis of phosphor $K_2SiF_6:Mn^{4+}$ nanorods and their luminescence properties [J]. CrystEngComm, 2015, 17: 930~936.

[38] Jin Y, Fang M H, Grinberg M, et al. Narrow red emission band fluoride phosphor $KNaSiF_6:Mn^{4+}$ for warm white light-emitting diodes [J]. ACS Applied Materials & Interfaces, 2016, 8: 11194~11203.

[39] Nguyen H D, Lin C C, Fang M H, et al. Synthesis of $Na_2SiF_6:Mn^{4+}$ red phosphors for white LED applications by co-precipitation [J]. Journal of Materials Chemistry C, 2014, 2: 10268~10272.

[40] Adachi S, Takahashi T. Photoluminescent properties of $K_2GeF_6:Mn^{4+}$ red phosphor synthesized from aqueous $HF/KMnO_4$ solution [J]. Journal of Applied Physics, 2009, 106: 013516.

[41] Sekiguchi D, Nara J I, Adachi S. Photoluminescence and Raman scattering spectroscopies of $BaSiF_6:Mn^{4+}$ red phosphor [J]. Journal of Applied Physics, 2013, 113: 183516.

[42] Arai Y, Takahashi T, Adachi S. Photoluminescent properties of $K_2SnF_6 \cdot H_2O:Mn^{4+}$ red phosphor [J]. Optical Materials, 2010, 32 (9): 1095~1101.

[43] Jiang X Y, Chen Z, Huang S M, et al. A red phosphor $BaTiF_6:Mn^{4+}$: etching reaction mechanism, microstructures, optical properties, and application for white LEDs [J]. Dalton Transactions, 2014, 43 (25): 9414~9418.

[44] Arai Y, Adachi S. Optical properties of Mn^{4+}-activated Na_2SnF_6 and Cs_2SnF_6 red phosphors [J]. Journal of Luminescence, 2011, 131 (12): 2652~2660.

[45] Brik M G, Camardello S J, Srivastava A M. Spin-Forbidden transition in the spectra of transition metal ions and nephelauxetic effect [J]. ECS Journal of Solid State Science and Technology, 2015, 5 (1): R3067~R3077.

[46] Hong F, Xu H P, Yang L, et al. Mn^{4+} nonequivalent doping Al^{3+}-based cryolite high-performance warm WLED red phosphors [J]. New Journal of Chemistry, 2019, 43: 14859~14871.

[47] Fu A J, Zhou L Y, Wang S, et al. Preparation, structural and optical characteristics of a deep red emitting $Mg_2Al_4Si_5O_{18}$:Mn^{4+} phosphor for warm w-LEDs [J]. Dyes and Pigments, 2018, 148: 9~15.

[48] Liang J, Sun L L, Devakumar B, et al. Novel Mn^{4+}-activated $LiLaMgWO_6$ far-red emitting phosphors: high photoluminescence efficiency, good thermal stability, and potential applications in plant cultivation LEDs [J]. RSC Advances, 2018, 8: 27144~27151.

[49] Lu Z Z, Huang T J, Deng R P, et al. Double perovskite Ca_2GdNbO_6:Mn^{4+} deep red phosphor: Potential application for warm W-LEDs [J]. Superlattices and Microstructures, 2018, 117: 476~487.

[50] Zhong J S, Chen X, Chen D Q, et al. A novel rare-earth free red-emitting $Li_3Mg_2SbO_6$:Mn^{4+} phosphor-in-glass for warm w-LEDs: Synthesis, structure, and luminescence properties [J]. Journal of Alloys and Compounds, 2019, 773: 413~422.

[51] Xue J P, Ran W G, Noh H M, et al. Influence of alkaline ions on the luminescent properties of Mn^{4+}-doped MGe_4O_9($M=Li_2$, LiNa and K_2) red-emitting phosphors [J]. Journal of Luminescence, 2017, 192: 1072~1083.

[52] Li K, Lian H Z, Deun R V, et al. A far-red-emitting $NaMgLaTeO_6$:Mn^{4+} phosphor with perovskite structure for indoor plant growth [J]. Dyes and Pigments, 2019, 162: 214~221.

[53] Hu T, Lin H, Lin F L, et al. Narrow-band red-emitting $KZnF_3$:Mn^{4+} fluoroperovskite: insights into electronic/vibronic transition and thermal quenching behavior [J]. Journal of Materials Chemistry C, 2018, 6: 10845~10854.

[54] Liu Y M, Wang T M, Tan Z R, et al. Novel emission bands of Na_2TiF_6:Mn^{4+} phosphors induced by the cation exchange method [J]. Ceramics International, 2019, 45: 6243~6249.

[55] Xi L Q, Pan Y X, Zhu M M, et al. Abnormal site occupancy and high performance in warm WLEDs of a novel red phosphor $NaHF_2$:Mn^{4+} synthesized at room temperature [J]. Dalton Transactions, 2017, 46: 13835~13844.

[56] Xi L Q, Pan Y X, Chen X, et al. Optimized photoluminescence of red phosphor Na_2SnF_6:Mn^{4+} as red phosphor in the application in "warm" white LEDs [J]. Journal of the American Ceramic Society, 2017, 100: 2005~2015.

[57] Liu Y M, Wang T M, Zhang X Z, et al. Synthesis, luminescence properties and nephelauxetic effect of nano stick phosphors K_3AlF_6:Mn^{4+} for warm white LED [J]. Journal of Materials Science: Materials in Electronics, 2018, 30: 1870~1877.

[58] Lu W, Lv W Z, Zhao Q, et al. A novel efficient Mn^{4+} activated $Ca_{14}Al_{10}Zn_6O_{35}$ Phosphor: application in red-emitting and white LEDs [J]. Inorganic Chemistry, 2014, 53: 11985~11990.

[59] Chen L, Xue S C, Chen X L, et al. The site occupation and valence of Mn ions in the crystal lattice of $Sr_4Al_{14}O_{25}$ and its deep red emission for high color-rendering white light-emitting diodes [J]. Materials Research Bulletin, 2014, 60: 604~611.

[60] Takahashi T, Adachi S. Mn^{4+}-activated red photoluminescence in K_2SiF_6 phosphor [J]. Journal of The Electrochemical Society, 2008, 155 (12): E183~E188.

[61] Xu Y K, Adachi S. Photoluminescence and raman scattering spectra in $(NH_4)_2XF_6:Mn^{4+}$ (X= Si, Ge, Sn, and Ti) red phosphors [J]. Journal of The Electrochemical Society, 2011, 159 (1): E11~E17.

[62] Xu Y K, Adachi S. Properties of $Na_2SiF_6:Mn^{4+}$ and $Na_2GeF_6:Mn^{4+}$ red phosphors synthesized by wet chemical etching [J]. Journal of Applied Physics, 2009, 105 (1): 013525.

[63] Adachi S, Takahashi T. Direct synthesis and properties of $K_2SiF_6:Mn^{4+}$ phosphor by wet chemical etching of Si wafer [J]. Journal of Applied Physics, 2008, 104 (2): 023512.

[64] Nakamura T, Yuan Z, Adachi S. Micronization of red-emitting $K_2SiF_6:Mn^{4+}$ phosphor by pulsed laser irradiation in liquid [J]. Applied Surface Science, 2014, 320: 514~518.

[65] Fang M H, Nguyen H D, Lin C C, et al. Preparation of a novel red $Rb_2SiF_6:Mn^{4+}$ phosphor with high thermal stability through a simple one-step approach [J]. Journal of Materials Chemistry C, 2015, 3 (28): 7277~7280.

[66] Arai Y, Adachi S. Optical transitions and internal vibronic frequencies of MnF_6^{2-} ions in Cs_2SiF_6 and Cs_2GeF_6 red phosphors [J]. Journal of The Electrochemical Society, 2011, 158 (6): J179~J183.

[67] Wang Z, Liu Y, Zhou Y, et al. Red-emitting phosphors $Na_2XF_6:Mn^{4+}$ (X= Si, Ge, Ti) with high colour-purity for warm white-light-emitting diodes [J]. RSC Advances, 2015, 5 (72): 58136~58140.

[68] Wei L L, Lin C C, Wang Y Y, et al. Photoluminescent evolution induced by structural transformation through thermal treating in the red narrow-band phosphor $K_2GeF_6:Mn^{4+}$ [J]. ACS applied materials & interfaces, 2015, 7 (20): 10656~10659.

[69] Wei L L, Lin C C, Fang M H, et al. A low-temperature co-precipitation approach to synthesize fluoride phosphors $K_2MF_6:Mn^{4+}$ (M = Ge, Si) for white LED applications [J]. Journal of Materials Chemistry C, 2015, 3 (8): 1655~1660.

[70] Wu W L, Fang M H, Zhou W, et al. High color rendering index of $Rb_2GeF_6:Mn^{4+}$ for light-emitting diodes [J]. Chemistry of Materials, 2017, 29 (3): 935~939.

[71] Wang Z, Zhou Y, Liu Y, et al. Highly efficient red phosphor $Cs_2GeF_6:Mn^{4+}$ for warm white light-emitting diodes [J]. RSC Advances, 2015, 5 (100): 82409~82414.

[72] Arai Y, Adachi S. Photoluminescent properties of $K_2SnF_6 \cdot H_2O:Mn^{4+}$ hydrate phosphor [J]. Journal of The Electrochemical Society, 2011, 158 (3): J81~J85.

[73] Xi L, Pan Y, Zhu M, et al. Room-temperature synthesis and optimized photoluminescence of a novel red phosphor NaKSnF$_6$:Mn^{4+} for application in warm WLEDs [J]. Journal of Materials Chemistry C, 2017, 5 (36): 9255~9263.

[74] Lv L, Chen Z, Liu G, et al. Optimized photoluminescence of red phosphor K$_2$TiF$_6$:Mn^{4+} synthesized at room temperature and its formation mechanism [J]. Journal of Materials Chemistry C, 2015, 3 (9): 1935~1941.

[75] Wang L Y, Song E H, Zhou Y Y, et al. An efficient and stable narrow band Mn^{4+}-activated fluorotitanate red phosphor Rb$_2$TiF$_6$:Mn^{4+} for warm white LED applications [J]. Journal of Materials Chemistry C, 2018, 6 (32): 8670~8678.

[76] Zhou Q, Zhou Y, Liu Y, et al. A new and efficient red phosphor for solid-state lighting: Cs$_2$TiF$_6$:Mn^{4+} [J]. Journal of Materials Chemistry C, 2015, 3 (37): 9615~9619.

[77] Zhang L, Xi L, Pan Y, et al. Synthesis and improved photoluminescence of hexagonal crystals of Li$_2$ZrF$_6$:Mn^{4+} for warm WLED application [J]. Dalton Transactions, 2018, 47 (46): 16516~16523.

[78] Wang L Y, Song E H, Zhou Y Y, et al. Synthesis and warm-white LED applications of an efficient narrow-band red emitting phosphor, Rb$_2$ZrF$_6$:Mn^{4+} [J]. Journal of Materials Chemistry C, 2017, 5 (29): 7253~7261.

[79] Zhou Q, Tan H, Zhou Y, et al. Optical performance of Mn^{4+} in a new hexa-coordinated fluorozirconate complex of Cs$_2$ZrF$_6$ [J]. Journal of Materials Chemistry C, 2016, 4 (31): 7443~7448.

[80] Yang Z, Wei Q, Rong M, et al. Novel red-emitting phosphors A$_2$HfF$_6$:Mn^{4+} (A=Rb$^+$, Cs$^+$) for solid-state lighting [J]. Dalton Transactions, 2017, 46 (29): 9451~9456.

[81] Senden T, Van Harten E J, Meijerink A. Synthesis and narrow red luminescence of Cs$_2$HfF$_6$:Mn^{4+}, a new phosphor for warm white LEDs [J]. Journal of Luminescence, 2018, 194: 131~138.

[82] Pan Y, Chen Z, Jiang X, et al. A facile route to BaSiF$_6$:Mn^{4+} phosphor with intense red emission and its humidity stability [J]. Journal of the American Ceramic Society, 2016, 99 (9): 3008~3014.

[83] Kubus M, Enseling D, Jüstel T, et al. Synthesis and luminescent properties of red-emitting phosphors: ZnSiF$_6$·6H$_2$O and ZnGeF$_6$·6H$_2$O doped with Mn^{4+} [J]. Journal of Luminescence, 2013, 137: 88~92.

[84] Zhou Q, Zhou Y, Liu Y, et al. A new red phosphor BaGeF$_6$:Mn^{4+}: hydrothermal synthesis, photo-luminescence properties, and its application in warm white LED devices [J]. Journal of Materials Chemistry C, 2015, 3 (13): 3055~3059.

[85] Xi L, Pan Y. Tailored photoluminescence properties of a red phosphor BaSnF$_6$:Mn^{4+} synthesized from Sn metal at room temperature and its formation mechanism [J]. Materials Research Bulletin, 2017, 86: 57~62.

[86] Hoshino R, Nakamura T, Adachi S. Structural change induced by thermal annealing of red-

light-emitting $ZnSnF_6 \cdot 6H_2O:Mn^{4+}$ hexahydrate phosphor [J]. Japanese Journal of Applied Physics, 2016, 55 (5): 052601.

[87] Gao X, Song Y, Liu G, et al. $BaTiF_6:Mn^{4+}$ bifunctional microstructures with photoluminescence and photocatalysis: hydrothermal synthesis and controlled morphology [J]. CrystEngComm, 2016, 18 (31): 5842~5851.

[88] Zhong J, Chen D, Wang X, et al. Synthesis and optical performance of a new red-emitting $ZnTiF_6 \cdot 6H_2O:Mn^{4+}$ phosphor for warm white-light-emitting diodes [J]. Journal of Alloys and Compounds, 2016, 662: 232~239.

[89] Song E H, Wang J Q, Ye S, et al. Room-temperature synthesis and warm-white LED applications of Mn^{4+} ion doped fluoroaluminate red phosphor $Na_3AlF_6:Mn^{4+}$ [J]. Journal of Materials Chemistry C, 2016, 4 (13): 2480~2487.

[90] Zhu Y, Huang L, Zou R, et al. Hydrothermal synthesis, morphology and photoluminescent properties of an Mn^{4+}-doped novel red fluoride phosphor elpasolite K_2LiAlF_6 [J]. Journal of Materials Chemistry C, 2016, 4 (24): 5690~5695.

[91] Song E, Wang J, Shi J, et al. Highly efficient and thermally stable $K_3AlF_6:Mn^{4+}$ as a red phosphor for ultra-high-performance warm white light-emitting diodes [J]. ACS applied materials & interfaces, 2017, 9 (10): 8805~8812.

[92] Wang L Y, Song E H, Deng T T, et al. Luminescence properties and warm white LED application of a ternary-alkaline fluoride red phosphor $K_2NaAlF_6:Mn^{4+}$ [J]. Dalton Transactions, 2017, 46 (30): 9925~9933.

[93] Deng T T, Song E H, Zhou Y Y, et al. Tailoring photoluminescence stability in double perovskite red phosphors $A_2BAlF_6:Mn^{4+}$ (A=Rb, Cs; B=K, Rb) via neighboring-cation modulation [J]. Journal of Materials Chemistry C, 2017, 5 (47): 12422~12429.

[94] Ming H, Zhang J, Liu L, et al. Luminescent properties of a $Cs_3AlF_6:Mn^{4+}$ red phosphor for warm white light-emitting diodes [J]. ECS Journal of Solid State Science and Technology, 2018, 7 (9): R149~R155.

[95] Deng T T, Song E H, Sun J, et al. The design and preparation of the thermally stable, Mn^{4+} ion activated, narrow band, red emitting fluoride $Na_3GaF_6:Mn^{4+}$ for warm WLED applications [J]. Journal of Materials Chemistry C, 2017, 5 (11): 2910~2918.

[96] Cheng H, Song Y, Hong F, et al. Room-temperature synthesis, controllable morphology and optical characteristics of narrow-band red phosphor $K_2LiGaF_6:Mn^{4+}$ [J]. CrystEngComm, 2018, 20 (15): 2183~2192.

[97] Jia H, Cao L, Wei Y, et al. A narrow-band red-emitting $K_2LiGaF_6:Mn^{4+}$ phosphor with octahedral morphology: Luminescent properties, growth mechanisms, and applications [J]. Journal of Alloys and Compounds, 2018, 738: 307~316.

[98] Deng T T, Song E H, Zhou Y Y, et al. Stable narrowband red phosphor $K_3GaF_6:Mn^{4+}$ derived from hydrous $K_2GaF_5(H_2O)$ and K_2MnF_6 [J]. Journal of Materials Chemistry C, 2017, 5 (37): 9588~9596.

[99] Jiang C, Brik M G, Li L, et al. The electronic and optical properties of a narrow-band red-emitting nanophosphor $K_2NaGaF_6:Mn^{4+}$ for warm white light-emitting diodes [J]. Journal of Materials Chemistry C, 2018, 6 (12): 3016~3025.

[100] Lin H, Hu T, Huang Q, et al. Non-Rare-Earth $K_2XF_7:Mn^{4+}$ (X=Ta, Nb): A highly-efficient narrow-band red phosphor enabling the application in wide-color-gamut LCD [J]. Laser & Photonics Reviews, 2017, 11 (6): 1700148.

[101] Ming H, Zhang J, Liu S, et al. A green synthetic route to $K_2NbF_7:Mn^{4+}$ red phosphor for the application in warm white LED devices [J]. Optical Materials, 2018, 86: 352~359.

[102] Ming H, Zhang J, Liu L, et al. A novel $Cs_2NbOF_5:Mn^{4+}$ oxyfluoride red phosphor for light-emitting diode devices [J]. Dalton Transactions, 2018, 47 (45): 16048~16056.

[103] Wang Z, Yang Z, Yang Z, et al. Red Phosphor $Rb_2NbOF_5:Mn^{4+}$ for warm white light-emitting diodes with a high color-rendering index [J]. Inorganic chemistry, 2018, 58 (1): 456~461.

[104] Hu T, Lin H, Cheng Y, et al. A highly-distorted octahedron with a C_{2v} group symmetry inducing an ultra-intense zero phonon line in Mn^{4+}-activated oxyfluoride $Na_2WO_2F_4$ [J]. Journal of Materials Chemistry C, 2017, 5 (40): 10524~10532.

[105] Cai P, Qin L, Chen C, et al. Luminescence, energy transfer and optical thermometry of a novel narrow red emitting phosphor: $Cs_2WO_2F_4:Mn^{4+}$ [J]. Dalton Transactions, 2017, 46 (41): 14331~14340.

[106] Adachi S, Takahashi T. Direct synthesis of $K_2SiF_6:Mn^{4+}$ red phosphor from crushed quartz schist by wet chemical etching [J]. Electrochemical and Solid-State Letters, 2009, 12 (2): J20~J23.

[107] Takahashi T, Adachi S. Synthesis of $K_2SiF_6:Mn^{4+}$ red phosphor from silica glasses by wet chemical etching in $HF/KMnO_4$ solution [J]. Electrochemical and Solid-State Letters, 2009, 12 (8): J69~J71.

[108] Liao C, Cao R, Ma Z, et al. Synthesis of $K_2SiF_6:Mn^{4+}$ phosphor from SiO_2 powders via redox reaction in $HF/KMnO_4$ solution and their application in warm-white LED [J]. Journal of the American Ceramic Society, 2013, 96 (11): 3552~3556.

[109] Xu Y K, Adachi S. Properties of Mn^{4+}-activated hexafluorotitanate phosphors [J]. Journal of The Electrochemical Society, 2011, 158 (3): J58~J65.

[110] Lv L, Jiang X, Huang S, et al. The formation mechanism, improved photoluminescence and LED applications of red phosphor $K_2SiF_6:Mn^{4+}$ [J]. Journal of Materials Chemistry C, 2014, 2 (20): 3879~3884.

[111] Jiang X, Pan Y, Huang S, et al. Hydrothermal synthesis and photoluminescence properties of red phosphor $BaSiF_6:Mn^{4+}$ for LED applications [J]. Journal of Materials Chemistry C, 2014, 2 (13): 2301~2306.

[112] Bode H, Jenssen H, Bandte F. Über eine neue darstellung des kalium-hexafluoromanganats (Ⅳ) [J]. Angewandte Chemie, 1953, 65 (11): 304.

[113] Rong M, Zhou X, Xiong R, et al. Luminescent properties and application of $Rb_2GeF_6:Mn^{4+}$ red phosphor [J]. Materials Letters, 2017, 207: 206~208.

[114] Moon J W, Min B G, Kim J S, et al. Optical characteristics and longevity of the line-emitting $K_2SiF_6:Mn^{4+}$ phosphor for LED application [J]. Optical Materials Express, 2016, 6 (3): 782~792.

[115] Nguyen H D, Lin C C, Liu R S. Waterproof alkyl phosphate coated fluoride phosphors for optoelectronic materials [J]. Angewandte Chemie International Edition, 2015, 54: 10862~10866.

[116] Arunkumar P, Kim Y H, Kim H J, et al. Hydrophobic organic skin as a protective shield for moisture-sensitive phosphor-based optoelectronic devices [J]. ACS applied materials & interfaces, 2017, 9: 7232~7240.

[117] Zhou Y Y, Song E H, Deng T T, et al. Waterproof narrow-band fluoride red phosphor $K_2TiF_6:Mn^{4+}$ via facile superhydrophobic surface modification [J]. ACS applied materials & interfaces, 2018, 10: 880~889.

[118] Huang L, Liu Y, Yu J, et al. Highly stable $K_2SiF_6:Mn^{4+}@K_2SiF_6$ composite phosphor with narrow red emission for white LEDs [J]. ACS applied materials & interfaces, 2018, 10 (21): 18082~18092.

[119] Huang L, Liu Y, Si S, et al. A new reductive dl-mandelic acid loading approach for moisture-stable Mn^{4+} doped fluorides [J]. Chem Commun (Camb), 2018, 54 (84): 11857~11860.

[120] Fang M H, Hsu C S, Su C, et al. Integrated surface modification to enhance the luminescence properties of $K_2TiF_6:Mn^{4+}$ phosphor and its application in white-light-emitting diodes [J]. ACS applied materials & interfaces, 2018, 10 (35): 29233~29237.

[121] Huang D, Zhu H, Deng Z, et al. Moisture-resistant Mn^{4+}-doped core-shell-structured fluoride red phosphor exhibiting high luminous efficacy for warm white light-emitting diodes [J]. Angewandte Chemie International Edition, 2019, 58 (12): 3843~3847.

[122] Jiang C, Brik M G, Srivastava A M, et al. Significantly conquering moisture-induced luminescence quenching of red line-emitting phosphor $Rb_2SnF_6:Mn^{4+}$ through $H_2C_2O_4$ triggered particle surface reduction for blue converted warm white light-emitting diodes [J]. Journal of Materials Chemistry C, 2019, 7 (2): 247~255.

[123] Liu Y, Zhou Z, Huang L, et al. High-performance and moisture-resistant red-emitting $Cs_2SiF_6:Mn^{4+}$ for high-brightness LED backlighting [J]. Journal of Materials Chemistry C, 2019, 7 (8): 2401~2407.

[124] Zhou Y Y, Song E H, Deng T T, et al. Surface passivation toward highly stable Mn^{4+}-activated red-emitting fluoride phosphors and enhanced photostability for white LEDs [J]. Advanced Materials Interfaces, 2019, 6 (9): 1802006.

[125] Meng S Q, Zhou Y Y, Wan W, et al. Facile in situ synthesis of zeolite-encapsulating $Cs_2SiF_6:Mn^{4+}$ for application in WLEDs [J]. Journal of Materials Chemistry C, 2019, 7:

1345~1352.
- [126] Dong Q Z, Guo C J, He L, et al. Improving the moisture resistance and luminescent properties of $K_2TiF_6:Mn^{4+}$ by coating with CaF_2 [J]. Materials Research Bulletin, 2019, 115: 98~104.
- [127] Verstraete R, Rampelberg G, Rijckaert H, et al. Stabilizing fluoride phosphors: surface modification by atomic layer deposition [J]. Chemistry of Materials, 2019, 31 (18): 7192~7202.
- [128] Liu Y X, Hu J X, Ju L C, et al. Hydrophobic surface modification toward highly stable $K_2SiF_6:Mn^{4+}$ phosphor for white light-emitting diodes [J]. Ceramics International, 2020, 46 (7): 8811~8818.
- [129] Hong F, Xu H P, Pang G, et al. Moisture resistance, luminescence enhancement, energy transfer and tunable color of novel core-shell structure $BaGeF_6:Mn^{4+}$ phosphor [J]. Chemical Engineering Journal, 2020, 390: 124579.
- [130] Huang L, Zhu Y, Zhang X, et al. HF-Free hydrothermal route for synthesis of highly efficient narrow-band red emitting phosphor $K_2Si_{1-x}F_6:xMn^{4+}$ for warm white light-emitting diodes [J]. Chemistry of Materials, 2016, 28 (5): 1495~1502.
- [131] Hou Z, Tang X, Luo X, et al. A green synthetic route to the highly efficient $K_2SiF_6:Mn^{4+}$ narrow-band red phosphor for warm white light-emitting diodes [J]. Journal of Materials Chemistry C, 2018, 6 (11): 2741~2746.
- [132] Song E, Zhou Y, Yang X B, et al. Highly efficient and stable narrow-band red phosphor $Cs_2SiF_6:Mn^{4+}$ for high-power warm white LED applications [J]. ACS Photonics, 2017, 4 (10): 2556~2565.
- [133] Zhou W, Fang M H, Lian S, et al. Ultrafast self-crystallization of high-external-quantum-efficient fluoride phosphors for warm white light-emitting diodes [J]. ACS applied materials & interfaces, 2018, 10 (21): 17508~17511.
- [134] Yi X D, Li R F, Zhu H M, et al. $K_2NaAlF_6:Mn^{4+}$ red phosphor: room-temperature synthesis and electronic/vibronic structures [J]. J. Mater. Chem. C, 2018, 6: 2069~2076.
- [135] Nguyen H D, Liu R S. Narrow-band red-emitting Mn^{4+}-doped hexafluoride phosphors: synthesis, optoelectronic properties, and applications in white light-emitting diodes [J]. Journal of Materials Chemistry C, 2016, 4 (46): 10759~10775.

2 $K_3ScF_6:Mn^{4+}$ 红色荧光粉的制备、形貌和发光特性研究

用 Mn^{4+} 激活的氟化物红色荧光粉，由于其具有窄带红光发射、宽蓝光激发带、量子效率高、色纯度高、发射光谱位于人眼敏感曲线内、合成简单等一系列的优点，已经引起了学界和工业界的广泛关注。然而，这类 Mn^{4+} 激活的氟化物红色荧光粉除了对水分的不稳定性之外，其极不规则和不均匀的颗粒形貌也限制了它们大规模的实际工业应用。在本章研究中，通过可控且温和的简易共沉淀法成功地制备了高度规则和均匀的 $K_3ScF_6:Mn^{4+}$ 红色荧光粉。通过使用 XRD、Rietveld 精修、密度泛函理论（DFT）计算、TEM、SEM、EDS、ICP 对其晶体结构、电子结构、形貌、元素组成进行全面的解析，通过室温光谱、变温光谱、量子效率、荧光衰减曲线对其发光性能进行评估。同时，为了优化其发光性能，对 Mn^{4+} 掺杂浓度、反应时间及反应温度对发光性能的影响进行了系统的研究。最后，为了验证其在暖白光 LED 器件中的实际使用性能，将其封装成了 WLED 器件。

2.1 荧光粉的制备

氟化物基质具有强的离子性和高温易分解的特点，所以不太适合采用高温固相法来制备 Mn^{4+} 掺杂的氟化物红色荧光粉。Mn^{4+} 激活的氟化物红色荧光粉通常是在室温或低温条件下采用湿化学法合成，如湿化学刻蚀法、水热法、共沉淀法、离子交换法，其中共沉淀法具有普适性广、操作简单、制备周期短、产率高、适合大规模工业化生产的特点。本章采用两步共沉淀法制备了 Mn^{4+} 掺杂的双钙钛矿型 K_2AScF_6(A=K，Na) 稀土氟化物红色荧光粉。第一步制备 K_2MnF_6 前驱体作为稳定的 Mn^{4+} 源，第二步以 KHF_2 为沉淀剂制备一系列 $K_2AScF_6:Mn^{4+}$(A=K，Na) 稀土氟化物红色荧光粉。

2.1.1 前驱体 K_2MnF_6 的制备

根据 Bode 的方法[1]，K_2MnF_6 前驱体制备工艺如图 2.1 所示。首先，称取 5.0g $KMnO_4$ 和 90.0g KHF_2 一起倒入含有 300mL HF 的聚四氟乙烯烧杯中，剧烈搅拌 30min，使之溶解以形成深紫色混合物溶液。然后，将约 4mL H_2O_2 溶液匀

速地逐滴加入上述混合物溶液中。紫色混合物溶液逐渐转变为棕色,同时产生 K_2MnF_6 黄色沉淀。静置 10min 后,使用离心机收集黄色沉淀物,用冰醋酸洗涤一次,丙酮洗涤两次,再在 70℃ 下真空干燥 2h,即获得 K_2MnF_6 粉末。所获得的 K_2MnF_6 粉末经过 XRD 表征,如图 2.2 所示,所有的衍射峰都可以匹配 K_2MnF_6 的标准卡片 JCPDS 77-2133,表明成功制备了纯的 K_2MnF_6 前驱体。其反应原理如下:

$$2KMnO_4 + 2KHF_2 + 3H_2O_2 + 8HF \longrightarrow 2K_2MnF_6\downarrow + 8H_2O + 3O_2\uparrow \quad (2.1)$$

图 2.1 前驱体 K_2MnF_6 的制备流程图

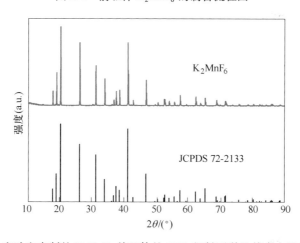

图 2.2 实验室自制的 K_2MnF_6 前驱体的 XRD 衍射图谱及其对应的标准卡片

2.1.2 $K_3ScF_6:Mn^{4+}$ 红色荧光粉的制备

采用共沉淀法在 HF 溶液中合成 $K_3ScF_6:Mn^{4+}$ 红色荧光粉,以合成 $K_3ScF_6:1\%Mn^{4+}$ 红色荧光粉为例,具体实验步骤如下:首先,称量 0.5516g Sc_2O_3,将其倒入 15mL HF 溶液中,并磁力搅拌 30min。然后,在剧烈磁力搅拌下将 0.0198g K_2MnF_6 前驱体加入该溶液中。在 K_2MnF_6 完全溶解后,将 18.744g KHF_2 沉淀剂加入上述混合物溶液,并将混合溶液进一步搅拌 30min,反应结束即得到 $K_3ScF_6:$

Mn^{4+}荧光粉。使用离心机收集K_3ScF_6:Mn^{4+}荧光粉沉淀物并用HF(10%(质量分数))溶液洗涤两次,用无水乙醇洗涤三次,随后在70℃下真空干燥3h以获得最终K_3ScF_6:Mn^{4+}红色荧光粉。整个合成工艺流程如图2.3所示。图2.3(a)和(b)分别为所得K_3ScF_6:Mn^{4+}荧光粉在自然光和450nm蓝光照射下的图片,从图中可以看出,在蓝光照射下,粉末发出强烈的红光。为了比较和优化K_3ScF_6:Mn^{4+}荧光粉的发光性能,通过相同的工艺流程,保持其他合成参数恒定,改变沉淀剂KHF_2的添加量、反应温度、反应时间、Mn^{4+}掺杂浓度分别制备了一系列K_3ScF_6:Mn^{4+}红色荧光粉样品。

图2.3 K_3ScF_6:Mn^{4+}红色荧光粉的合成工艺流程图
(a) 自然光下的荧光粉;(b) 450nm蓝光照射下的荧光粉

2.2 K_3ScF_6:Mn^{4+}荧光粉的诱导生成及其晶体结构

2.2.1 物相生成

反应物的比例影响着物相形成及其相纯度。通过增加反应物KHF_2与Sc_2O_3的比例(摩尔比为6:1,12:1,18:1,24:1,30:1,36:1,42:1),实现了从ScF_3物相到KSc_2F_7物相再至K_3ScF_6结晶相的转变。图2.4(a)显示了用不同KHF_2/Sc_2O_3摩尔比制备的样品的XRD图。所有的样品都在15mL HF(40%(质量分数))中制备,除了KHF_2与Sc_2O_3的比例不同之外所有的合成参数都保持相同。如图2.4所示,当KHF_2/Sc_2O_3摩尔比为6:1时,所有的衍射峰都可以很好地指向ScF_3的标准XRD衍射图谱(JCPDS 85-1078),而且没有观察到其他的衍射峰,表明此时合成的物质是纯ScF_3。当KHF_2/Sc_2O_3摩尔比增加到12:1时,XRD衍射峰仍然符合ScF_3的标准XRD衍射图谱,但是出现了微弱的属于KSc_2F_7结晶相(JCPDS 77-1321)的衍射峰,表明此时得到的是主相为ScF_3和极少量的次相为KSc_2F_7组成的混合物。随着KHF_2/Sc_2O_3摩尔比进一步增加(12:1~24:1),观察到的属于KSc_2F_7结晶相的衍射峰越来越强,表明样品中KSc_2F_7相越来越多。当 KHF_2/Sc_2O_3 摩尔比增加到一个较高程度（24∶1）时，源自 ScF_3 相的衍射峰完全消失，除了 KSc_2F_7 相的特征衍射峰外，还观察到了属于 K_3ScF_6 的强衍射峰（由于粉晶数据库中没有 K_3ScF_6 的标准卡片，在这里使用与各个衍射峰相匹配且与 K_3ScF_6 同构的 K_2NaScF_6（JCPDS 79-0770）的标准卡片作为参照）。随着 KHF_2/Sc_2O_3 摩尔比从 30∶1 进一步增加到 42∶1，所有衍射峰都可以很好地指向 K_3ScF_6 相，这表明得到了纯的 K_3ScF_6 相。图 2.4（b）显示了 KHF_2/Sc_2O_3 摩尔比为 24∶1～42∶1 时合成的样品 XRD 图在 $2\theta=30°$ 附近的放大 XRD 图谱。这个对应的放大 XRD 图谱，与 K_2NaScF_6 标准卡片的（220）衍射峰相比时，所有 K_3ScF_6 物相的（220）衍射峰呈现向小角度偏移的现象。这一现象可以用布拉格定律 $2d\sin\theta=n\lambda$（其中 d，θ 和 λ 分别代表晶面间距，衍射角和 X 射线波长）解释。当离子半径小的 Na^+（$r=0.102nm$）被离子半径大的 K^+（$r=0.138nm$）取代时，晶格发生膨胀，晶面间距增大，导致衍射角 θ 变小，所以出现了 K_3ScF_6 物相（220）衍射峰呈现小角度偏移的现象。XRD 结果分析表明，可以通过增加反应物 KHF_2 与 Sc_2O_3 的比例诱导生成纯的 $K_3ScF_6:Mn^{4+}$ 物相。

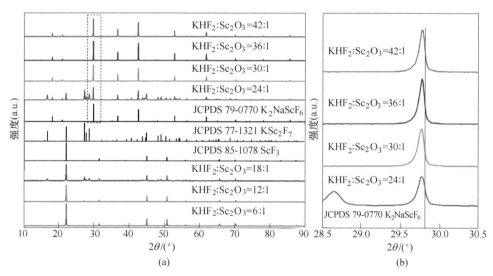

图 2.4　不同 KHF_2/Sc_2O_3 摩尔比制备的样品的 XRD 图谱（a）和对应的（220）衍射峰的 XRD 放大图谱（b）

2.2.2　晶体结构

由于材料表征使用的 X 射线多晶粉末衍射技术存在衍射峰重叠的缺点，导致丢失了大量有用的结构信息。1967 年，荷兰晶体学家 H. M. Rietveld 提出对多晶衍射数据进行全谱拟合的方法，充分利用衍射图谱的所有信息，对 XRD 图谱中的峰位、峰形、强度等进行修正，从而获得多晶材料的结构信息。

本章中所涉及的Rietveld结构精修都是基于所合成样品的实测XRD衍射数据来进行的。Rietveld结构精修是在主流的精修系统（General Structure Analysis System，GSAS）软件[2]上进行的，精修流程大致如下：首先通过CMPR软件将实测的XRD衍射数据转化为GSAS文件，再使用EXPGUI软件创建EXP文件并读取已获得的GSAS文件，然后在程序中添加该物质的晶体结构数据CIF文件，之后通过内部的初始XRD仪器参数校正后进行精修工作。精修参数的修正顺序一般为：定标因子、背底拟合、晶胞参数、原子坐标、占位分数和各向同性温度因子、峰形参数、背底修正、各向异性温度因子和择优取向。通过不断进行参数修正使计算的衍射图谱与仪器实测XRD衍射图谱的差异最小化，尽可能重叠。

为了研究K_3ScF_6:Mn^{4+}红色荧光粉结构上的细微变化，对其进行了XRD Rietveld精修。精修所需的晶体学数据和初始结构模型源自与K_3ScF_6同构的K_2NaScF_6（JCPDS 79-0770）化合物。图2.5所示为K_3ScF_6:Mn^{4+}荧光粉Rietveld精修XRD图谱，表2.1给出了其精修后得到的晶体结构参数，表2.2给出了其精修后得到的晶体学数据和K_2NaScF_6结构模型的晶体学数据。从图2.5中可以看到测试的K_3ScF_6:Mn^{4+}的XRD图谱与Rietveld精修模拟计算的图谱相一致，证实了所合成的K_3ScF_6:Mn^{4+}荧光粉具有一个较高的相纯度。R因子最终收敛于R_{WP} = 7.15%，R_P = 5.45%，表明精修结果是可靠的，K_3ScF_6:Mn^{4+}荧光粉的真实结构与K_2NaScF_6结构一致。K_3ScF_6:Mn^{4+}荧光粉的晶格常数为$a = b = c = 0.84859(8)$ nm 和 $V = 0.611074(2)$ nm^3。从表2.2可以看出，K_3ScF_6:Mn^{4+}的晶格常数和晶胞体积稍大于K_2NaScF_6。这个结果进一步表明成功合成了K_3ScF_6相。因为当离子半径大的K^+（$r = 0.138$ nm）替代离子半径小的Na^+（$r = 0.102$ nm）时，

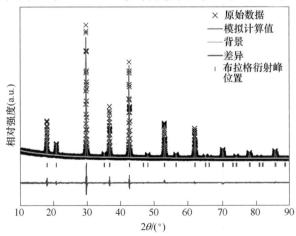

图2.5　K_3ScF_6:Mn^{4+}红色荧光粉XRD的Rietveld精修图谱

晶格膨胀，导致晶格常数和晶胞体积变大，这个结果与上面观察到的（220）衍射峰向小角度偏移的现象相吻合。

表 2.1 $K_3ScF_6:Mn^{4+}$ 红色荧光粉 Rietveld 精修的晶体结构参数

原子	位点	x	y	z	占位率	温度因子 U_{iso}/nm^2
K(1)	8c	0.25	0.25	0.25	1	0.000395(6)
K(2)	4b	0.50	0.50	0.50	1	0.000251(11)
Sc	4a	0	0	0	0.9902(8)	0.000169(6)
Mn	4a	0	0	0	0.0097(5)	0.000466(7)
F	24e	0.2324(2)	0	0	1	0.000208(5)

注：在 $K_3ScF_6:Mn^{4+}$ 荧光粉的晶体结构中，K^+ 可分别占据两个不同的晶格位点，分别命名为 K(1) 和 K(2)。

表 2.2 $K_3ScF_6:Mn^{4+}$ 红粉 Rietveld 精修的晶体学数据和 K_2NaScF_6（ICSD 65730）的晶体学数据

分子式	$K_3ScF_6:Mn^{4+}$	K_2NaScF_6
晶系	立方	立方
空间群	$Fm\bar{3}m$	$Fm\bar{3}m$
a/nm	0.84859(8)	0.847
b/nm	0.84859(8)	0.847
c/nm	0.84859(8)	0.847
V_{cell}/nm^3	0.611074(2)	0.60801
Z	4	4
R_{WP}/%	7.15	
R_P/%	5.45	
χ^2	2.46	

$K_3ScF_6:Mn^{4+}$ 的晶体结构图以及 Sc、K(1) 和 K(2) 阳离子的配位环境如图 2.6 所示。其晶体结构是通过 GSAS 软件 Rietveld 精修生成的 CIF 文件并由 Diamond 软件绘制。每个 Sc^{3+} 和 K(1) 离子位于八面体的中心，与 6 个 F^- 配位，形成两种不同的八面体。[ScF_6] 八面体和 [KF_6] 八面体通过共有的顶点链接形成三维空间立体结构，其中 K(2) 离子占据 12 配位的空腔以形成 [KF_{12}] 十面体。因为当配位数 CN = 6 时 Mn^{4+} (r = 0.053nm) 的有效离子半径接近 Sc^{3+} (r =

0.0745nm），所以在 K_3ScF_6:Mn^{4+} 红色荧光粉中 Mn^{4+} 将取代 Sc^{3+}，占据其晶格位点，处于 $[ScF_6]^{3-}$ 八面体的中心。

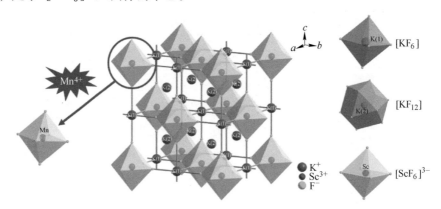

图 2.6　K_3ScF_6:Mn^{4+} 的晶体结构图以及 Sc、K(1) 和 K(2) 阳离子的配位环境

2.3　K_3ScF_6 的电子结构和光学带隙

基于密度泛函理论的第一性原理计算不依赖任何经验参数，只需要输入相关原子的基本信息，就可以计算模拟体系的状态和性质，成为发光材料的设计和研究的重要工具。本章采用 Vienna Ab initio Simulation Package（VASP）软件包[3]通过第一性原理计算预测材料的晶体结构和电子结构，为氟化物体系荧光材料的研究提供理论依据。

为了更好地研究 K_3ScF_6 的结构，使用 Vienna Ab initio Simulation Package（VASP）软件基于密度泛函理论（DFT）第一性原理计算了 K_3ScF_6 的晶格结构和电子结构。在计算中，采用了具有 Perdew-Burke-Ernzerhof（PBE）泛函的广义梯度近似（GGA）方法[4]。电子配置选择如下：F 设置为 $2s^22p^5$，K 设置为 $3s^23p^64s^1$，Sc 设置为 $3p^64s^23d^1$。平面波基能量截止值设定为 550eV，由 Monkhorst-Pack 方案[5]生成的 k 点网格密度设定为 5×5×5。离子弛豫和电子自恰计算的收敛判据分别为 $1×10^{-3}$eV 和 $1×10^{-5}$eV。DFT 计算结果表明，优化后的最佳的晶体结构与 Rietveld 精修结果相同。然而，DFT 计算的晶格常数为 $a=b=c=$ 0.910nm，比 K_3ScF_6:Mn^{4+} 红色荧光粉的 Rietveld 精修的晶格常数大约 7%。造成晶格常数的差异的可能原因有两个：第一，由于 DFT 模拟计算的误差；第二，Mn^{4+}（$r=0.053$nm）掺杂进入 K_3ScF_6 晶格取代离子半径大的 Sc^{3+}（$r=0.0745$nm）导致的晶格收缩。

图 2.7（a）给出了计算的 K_3ScF_6 晶胞的能带结构，从图中可以看出，价带

2.3 K$_3$ScF$_6$ 的电子结构和光学带隙

狭窄而且非常平坦,而导带明显比较分散,计算得到的 K$_3$ScF$_6$ 的直接带隙值约 6.15eV。由于 DFT 计算方法通常低估材料的带隙,因此 K$_3$ScF$_6$ 的实际带隙值可以达到 8.0eV 以上。这样的宽带隙可以提供足够的空间来容纳杂质能级,表明 K$_3$ScF$_6$ 是一种良好的发光基质。图 2.7(b)显示了可以帮助理解 K$_3$ScF$_6$ 能带结构的总态密度和局部态密度,从图中可以看出,导带主要由 Sc 的 3d 态和少量 F 的 2p 态组成。狭窄平坦的价带由 F 的 2p 态形成,从 -2~0eV 扩展。其他位置较深的波带来自 K 的 3p 态(约 -10eV)、F 的 2s 态(-19eV)、Sc 的 3p 态(-25eV)和 K 的 s 态(-27~-25eV)。

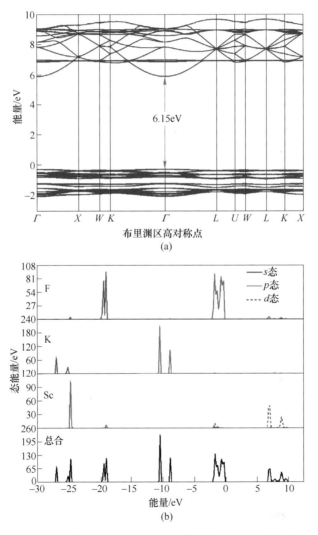

图 2.7 DFT 计算得到的 K$_3$ScF$_6$ 的能带结构(a)和态密度(b)

2.4 $K_3ScF_6:Mn^{4+}$荧光粉的形貌及其元素组成

2.4.1 形貌调控

图 2.8 所示为在反应温度为 80℃、反应时间为 0.25h 条件下制备的具有不同 Mn^{4+} 掺杂量的 $K_3ScF_6:Mn^{4+}$ 红色荧光粉的扫描电子显微镜图像。从图中可以看出，所制备的样品都是分散性良好、表面光滑、棱角分明的颗粒。仔细观察它们的形态变化，可以发现 $K_3ScF_6:Mn^{4+}$ 红色荧光粉的颗粒形貌和尺寸大小强烈依赖于 Mn^{4+} 的掺杂浓度。随着 Mn^{4+} 的理论摩尔掺杂浓度从 0.3% 增加到 6.0%，$K_3ScF_6:Mn^{4+}$ 红色荧光粉颗粒的尺寸从 1μm 逐渐减小到 500nm。在图 2.8（a）~（h）中观察它们的颗粒形貌，可以看到在图 2.9 中显示的从立方体到锥状八面体的形态演变。当 Mn^{4+} 的理论摩尔掺杂浓度低于或等于 1% 时，所制备的样品的形态是由 6 个 {100} 晶面（灰色面）组成的立方体。随着 Mn^{4+} 理论掺杂浓度增大至 1.5%，样品形态是由 6 个大的 {100} 晶面（灰色面）和 8 个小的 {111} 晶面（蓝色面）组成的截断八面体。其中一些截断八面体颗粒内部的空隙空间可能是由于外部晶面的快速生长导致的。随着 Mn^{4+} 理论掺杂浓度的进一步增加，观察到 {100} 晶面逐渐减小，而 {111} 晶面不断扩大。当 Mn^{4+} 理论掺杂浓度上升至 4% 或高于 4% 时，发现 {100} 晶面完全消失，此时观察到 $K_3ScF_6:Mn^{4+}$ 红色荧光粉的颗粒形态是具有 8 个裸露的 {111} 晶面（蓝色面）的锥状八面体。在这里，Mn^{4+} 似

图 2.8 不同 Mn^{4+} 掺杂量的 $K_3ScF_6:Mn^{4+}$ 红色荧光粉样品的 SEM 图像
(a) 0.3%；(b) 0.5%；(c) 0.7%；(d) 1.0%；(e) 1.5%；(f) 2.0%；(g) 4.0%；(h) 6.0%

2.4 $K_3ScF_6:Mn^{4+}$ 荧光粉的形貌及其元素组成

图 2.9 不同 Mn^{4+} 掺杂量的 $K_3ScF_6:Mn^{4+}$ 红色荧光粉的形态演变

(立方体转变为截断八面体至锥状八面体;灰色代表{100}晶面,蓝色代表{111}晶面)

乎对控制晶种形成和不同晶面的生长速率起到了关键性的作用,从而导致 K_3ScF_6:Mn^{4+} 红色荧光粉的颗粒形态从立方体逐渐演变为锥状八面体。事实上,在一个给定的生长环境中,晶体形态的演变主要是由总表面能的连续减少驱动,并且最终在表面能最小的点处停止生长。根据 Gibbs-Wulff 定理,在立方晶系中,具有较高表面能的晶面,尤其是高指数晶面,将从最终的颗粒表面形态减少或消失[6]。因此,在均衡生长的条件下,低指数{100}晶面和{111}晶面都保留在了最终的颗粒形态上,而高指数晶面在没有表面活性剂的情况下不会保留下来[7]。在晶体生长过程中,由于包括离子或分子在内的一些无机添加剂会选择性地吸附并稳定在某个晶面上,使各个晶面的表面能的相对顺序发生变化[8]。因此,选择性吸附将降低相应结合面的表面能并阻碍晶体沿其正常的生长方向生长,从而形成了一个不平衡的 Wulff 晶体形态[9]。在 K_3ScF_6 晶体的液相合成路线中,杂质离子 Mn^{4+} 既充当激活剂的作用又同时是杂质添加剂。当 Mn^{4+} 理论掺杂浓度较低(≤1%)时,溶液中的 Mn^{4+} 被 K_3ScF_6 晶体的成核和生长所消耗,杂质离子 Mn^{4+} 仅突显出激活剂的作用。当溶液中 Mn^{4+} 理论掺杂浓度较高(≥1%)时,杂质离子 Mn^{4+} 开始突显出添加剂的作用,未进入 K_3ScF_6 晶格的残留下来的 Mn^{4+} 会选择性地吸附在生长的 K_3ScF_6 晶体的{111}晶面上,从而降低{111}晶面的表面能,阻碍 K_3ScF_6 晶体沿其正常的<111>晶向生长,最终导致锥状八面体的形成。另外,考虑到 Sc^{3+}($r=0.0745nm$) 和 Mn^{4+}($r=0.053nm$) 在化合价和离子半径上的差异,掺杂后晶格表面原子的总表面能可能增加。为了使 K_3ScF_6 晶体的各向异性表面自由能最小化,所以具有较低表面能的{111}晶面最终保留了下来。

2.4.2 元素组成

图 2.10（a）所示为 Mn^{4+} 理论掺杂浓度为 6% 的 K_3ScF_6:6%Mn^{4+} 样品的 EDS 能谱，其中检测到的碳（C）元素、氧（O）元素和金（Au）元素分别来自导电胶树脂和金喷漆。此外，还观察到了源自 K_3ScF_6:Mn^{4+} 红色荧光粉的氟（F）元素、钪（Sc）元素、钾（K）元素和锰（Mn）元素的特征峰；而且，钾（K）、钪（Sc）、氟（F）元素的摩尔分数分别约为 27.17%、8.24% 和 54.19%，接近 K_3ScF_6 的化学计量比 3∶1∶6，表明所合成的 K_3ScF_6:Mn^{4+} 红色荧光粉是纯相。Mn^{4+} 的特征峰证实了 Mn^{4+} 确实已经掺杂进了 K_3ScF_6 晶格中。图 2.10（b）所示为 Mn^{4+} 理论掺杂浓度为 6% 的 K_3ScF_6:6%Mn^{4+} 样品的透射电子显微镜（TEM）图像，从图中可以看出样品的形貌为锥状八面体，这与 K_3ScF_6:6%Mn^{4+} 红色荧光粉样品的扫描电子显微镜（SEM）结果一致。此外，K_3ScF_6:6%Mn^{4+} 样品的选区电子衍射图像（SAED）如图 2.10（c）所示，可以看出 K_3ScF_6:6%Mn^{4+} 红色荧光粉样品呈现出单晶的性质，其可见的衍射点经过计算可以很好地指向立方相的

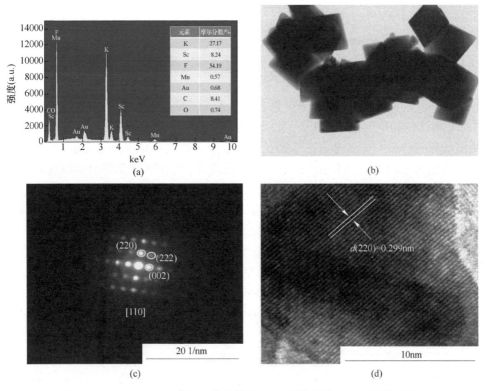

图 2.10 K_3ScF_6:6%Mn^{4+} 红色荧光粉的 EDS 能谱（a）、TEM 图像（b）、SAED 图像（c）和 HRTEM 图像（d）

K_3ScF_6。结合高分辨率透射电子显微图像（HRTEM），如图2.10（d）所示，可以清楚地看到其晶格条纹，且邻近条纹之间的间距为0.299nm，刚好对应于具有立方结构的K_3ScF_6（220）晶面的晶面间距。上述这些结果表明，成功制备了细小颗粒的$K_3ScF_6:Mn^{4+}$红色荧光粉。

2.5 $K_3ScF_6:Mn^{4+}$荧光粉的光致发光特性

为了研究Mn^{4+}在K_3ScF_6晶格中的发光性质，本节系统地研究了Mn^{4+}理论掺杂量为0.3%的$K_3ScF_6:0.3\%Mn^{4+}$样品。图2.11（a）所示为$K_3ScF_6:Mn^{4+}$红色荧光粉在631nm处监测的激发光谱和470nm蓝光激发的发射光谱，从图中可以看出，其激发光谱分别约在247nm、367nm和470nm处存在三个宽激发带。第一个

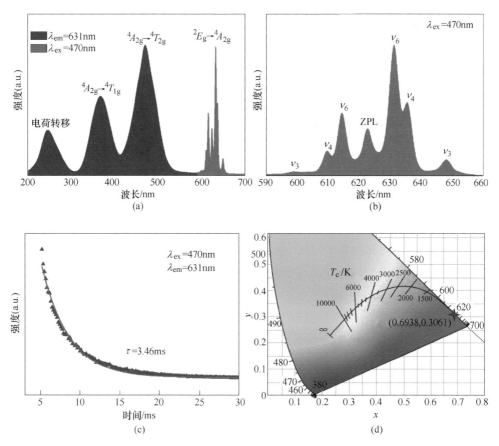

图2.11 $K_3ScF_6:0.3\%Mn^{4+}$红色荧光粉的激发和发射光谱（a）、
发射光谱（b）、荧光衰减曲线（c）和色坐标图（d）

激发带归因于 F⁻-Mn⁴⁺ 的电荷迁移带（CTB），其他两个激发带（波长范围 320~410nm，峰值 367nm；420~520nm，峰值 470nm）分别来源于 Mn⁴⁺ 的自旋允许的跃迁[10]：$^4A_{2g} \to {}^4T_{1g}$ 和 $^4A_{2g} \to {}^4T_{2g}$；而且，在 470nm 处的激发带强度远高于 367nm 处的激发带强度，表明所制备的 $K_3ScF_6:Mn^{4+}$ 红色荧光粉的激发与商业化的蓝光发射 LED 芯片非常吻合，在白光 LED 器件中具有应用前景。在 470nm 蓝光激发下，$K_3ScF_6:Mn^{4+}$ 荧光粉的发射光谱由 590nm 至 660nm 的一系列窄带发射峰组成，最强峰位于约 631nm 处，这归因于 Mn⁴⁺ 的自旋禁戒的跃迁[11]：$^2E_g \to {}^4A_{2g}$。如图 2.11（b）所示，约位于 599nm、610nm、614nm、623nm、631nm、635nm 和 648nm 的发射峰，分别源自 Mn⁴⁺ 跃迁的反斯托克斯 $\nu_3(t_{1u})$、$\nu_4(t_{1u})$、$\nu_6(t_{2u})$，零声子线（ZPL）和斯托克斯 $\nu_6(t_{2u})$、$\nu_4(t_{1u})$、$\nu_3(t_{1u})$ 振动模式[12]；而且发现，$K_3ScF_6:Mn^{4+}$ 荧光粉与其他 Mn⁴⁺ 不等价掺杂的氟化物红粉一样，在室温下产生强烈的零声子线（ZPL）发射[13]。事实上，ZPL 的发射强度很大程度上取决于晶格中 Mn⁴⁺ 所处局部环境的对称性，随着主晶格中的取代位点的对称性降低，ZPL 的发射会更加强烈[14]。在 $K_3ScF_6:Mn^{4+}$ 系统中，由于 Sc^{3+}（$r = 0.0745$nm）和 Mn^{4+}（$r = 0.053$nm）之间的价态和离子半径的差异，K_3ScF_6 晶格中 Mn⁴⁺ 所处环境的对称性受到破坏，这可能是产生强零声子线（ZPL）发射现象的原因。如图 2.11（c）所示，通过 470nm 蓝光激发在 631nm 处监测 $K_3ScF_6:0.3\%Mn^{4+}$ 荧光粉的荧光衰减行为，所测得的荧光衰减曲线可以很好地拟合为下面的单指数函数[15]：

$$I_{(t)} = I_0 + Ae^{(-t/\tau)} \tag{2.2}$$

式中，I_0 为样品最初的发光强度；$I_{(t)}$ 为样品在 t 时间的发光强度；A 为常数；τ 为可以通过拟合荧光衰减曲线得到的寿命。

经过拟合，$K_3ScF_6:0.3\%Mn^{4+}$ 荧光粉的荧光寿命值约为 3.46ms。毫秒级的寿命表明了 Mn⁴⁺ 中 d 壳内电子跃迁的禁戒特性[16]。如图 2.11（d）所示，$K_3ScF_6:0.3\%Mn^{4+}$ 的 CIE 色度坐标为（0.6938, 0.3061），非常接近美国国家电视系统委员会（NTSC）提出的红色标准值[17]（0.670, 0.330）；而且，最强发射峰位于 631nm，非常接近于国际电信联盟提出的用于超高清电视的红光[18]（约为 630nm）。此外，$K_3ScF_6:Mn^{4+}$ 红色荧光粉的发射带的半高宽（FWHM）约为 26nm，这比商业化 $CaAlSiN_3:Eu^{2+}$ 红粉[19]（约为 90nm）要窄得多。因此，$K_3ScF_6:Mn^{4+}$ 具有非常高的色纯度。

量子效率（quantum efficiency，QE）是评价发光材料性能的另一个非常关键的指标。本节在室温下使用涂覆硫酸钡的积分球测量 $K_3ScF_6:Mn^{4+}$ 红色荧光粉的内量子效率。内量子效率（internal QE，IQE）使用以下公式[20]计算：

$$IQE = \frac{\int L_S}{\int E_R - \int E_S} \tag{2.3}$$

式中，L_S 为研究的 $K_3ScF_6:Mn^{4+}$ 红色荧光粉的发射光谱；E_R、E_S 分别为积分球中没有和有 $K_3ScF_6:Mn^{4+}$ 红色荧光粉时的激发光谱。

根据式（2.3），在 470nm 蓝光激发下 $K_3ScF_6:Mn^{4+}$ 红色荧光粉的 IQE 确定为 67.18%。

2.6　$K_3ScF_6:Mn^{4+}$ 荧光粉的最佳合成条件

荧光粉的合成条件对其发光性能有着重要的影响。因此本节系统地研究了反应温度、反应时间和 Mn^{4+} 掺杂浓度对 $K_3ScF_6:Mn^{4+}$ 红色荧光粉发光性能的影响，特别是对 Mn^{4+} 高掺杂浓度引起 $K_3ScF_6:Mn^{4+}$ 红色荧光粉浓度猝灭的机理进行了深入的研究。

2.6.1　反应温度

图 2.12（a）所示为在不同反应温度（20℃、40℃、60℃、80℃）下制备的 $K_3ScF_6:Mn^{4+}$ 红色荧光粉的 XRD 图，在图中没有看到多余的杂峰，所有样品的衍射峰都跟标准卡片 JCPDS 79-0770 的衍射峰一一对应，表明合成的所有样品都是纯相。这一结果说明提高反应温度不会改变 $K_3ScF_6:Mn^{4+}$ 红色荧光粉的相纯度。在不同反应温度下制备的 $K_3ScF_6:Mn^{4+}$ 红色荧光粉的发射光谱显示于图 2.12（b）中，可以看到，除了发光强度有差异之外，所有 $K_3ScF_6:Mn^{4+}$ 样品的发射光谱几乎相同，都呈现出一样的光谱特征。从图 2.12（b）的插图可以发现，$K_3ScF_6:Mn^{4+}$ 红色荧光粉的发射强度首先随着反应温度的升高而增强，并在反应温度 60℃时达到最大值，表明适当的反应温度有利于 Mn^{4+} 进入晶格以代替 Sc^{3+} 晶格位点，从而增强红光发射。增加反应温度，可以提高溶液中离子的反应活性，这可能使 Mn^{4+} 更容易取代 Sc^{3+}。随着反应温度进一步升高，$K_3ScF_6:Mn^{4+}$ 红色荧光粉的发射强度逐渐降低。在 $K_3ScF_6:Mn^{4+}$ 红色荧光粉合成过程中发现，当反应温度超过 80℃时，反应溶液会从黄色变为粉红色。该现象表明 Mn^{4+} 在高温下不稳定，易于被氧化或还原变为其他价态，如 Mn^{5+}、Mn^{3+} 或 Mn^{2+}，从而导致发光强度降低。这一组反应温度实验表明，$K_3ScF_6:Mn^{4+}$ 红色荧光粉的最佳合成温度为 60℃。

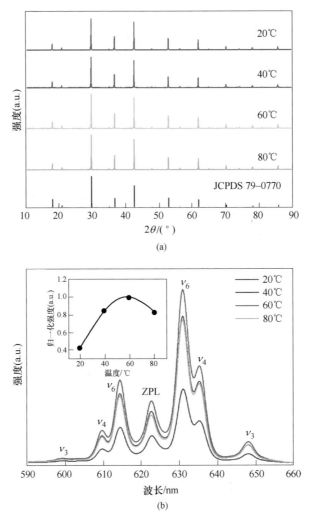

图2.12 不同反应温度制备的 $K_3ScF_6:Mn^{4+}$ 红色荧光粉的 XRD 图（a）和发射光谱（b）

（图（b）中 λ_{ex} = 470nm，插图表示归一化的积分发光强度与反应温度的关系曲线）

2.6.2 反应时间

图 2.13（a）所示为在反应温度为 60℃、不同反应时间（0.25h、1h、2h、4h、6h、8h）的条件下制备的 $K_3ScF_6:Mn^{4+}$ 红色荧光粉的 XRD 图。观察到所有的 XRD 图谱都跟 JCPDS 79-0770 标准卡片图谱很好地匹配，说明在不同反应时间下制备的 $K_3ScF_6:Mn^{4+}$ 样品都是纯相。图 2.13（b）所示为对应样品的发射光谱，可以看到除了发光强度有差异之外，所有发射峰轮廓都与之前观察的一样。图 2.13（b）给出了相应样品的发光强度的变化趋势，可以看到 $K_3ScF_6:Mn^{4+}$ 红色

荧光粉的发光强度随着反应时间的延长先增强,在 $t=2h$ 时达到最大值,然后当反应时间进一步增加时,发光强度明显降低。造成这种发光强度随反应时间的延长而下降的原因可能有两个:第一,Mn^{4+} 长时间在溶液中不稳定,易于转变为其他价态,如 Mn^{5+}、Mn^{3+} 或 Mn^{2+};第二,随着反应时间的延长,Mn^{4+} 进入晶格的量增多,Mn^{4+} 的掺杂浓度已经超出了最佳的掺杂浓度,从而产生了荧光猝灭。这组反应时间条件实验表明,$K_3ScF_6:Mn^{4+}$ 红色荧光粉的最佳反应时间为 2h。

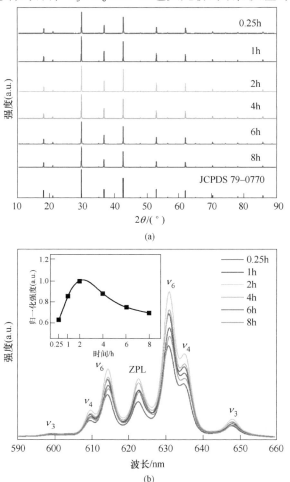

图 2.13 不同反应时间制备的 $K_3ScF_6:Mn^{4+}$ 红色荧光粉的 XRD 图(a)和发射光谱(b)
(图(b)中 $\lambda_{ex}=470nm$,插图表示归一化的积分发光强度与反应时间的关系曲线)

2.6.3 Mn^{4+} 掺杂量

除了探究反应温度和反应时间之外,还深入研究了 Mn^{4+} 掺杂浓度对 $K_3ScF_6:$

Mn^{4+}红色荧光粉发光性能的影响。采用电感耦合等离子体原子发射光谱法来测量不同Mn^{4+}掺杂量的$K_3ScF_6:Mn^{4+}$红色荧光粉样品中的Mn元素含量,由于整个反应过程中不涉及氧化还原反应,因此检测到的Mn元素含量近似等于Mn^{4+}的含量,测试的结果列于表2.3。图2.14(a)显示了掺杂不同浓度Mn^{4+}的$K_3ScF_6:Mn^{4+}$红色荧光粉的XRD图,所有的衍射峰与标准卡片JCPDS 79-0770很好地吻合。这一结果表明,Mn^{4+}进入K_3ScF_6主晶格不改变其晶体结构。图2.14(b)显示了不同Mn^{4+}掺杂浓度的所有样品的发射光谱。与前面观察的一样,除了荧光强度有差异之外,它们都呈现出相同的光谱特征。图2.14(b)中的插图显示了积分发射强度和Mn^{4+}掺杂浓度之间的依赖关系。样品的发光强度随着Mn^{4+}掺杂量的增加而单调增强,在Mn^{4+}掺杂量为0.97%时,发光强度达到最大值;由于浓度猝灭的影响,发光强度随着Mn^{4+}实际掺杂量的进一步增加而降低。

表2.3 不同Sc/Mn摩尔比合成的$K_3ScF_6:Mn^{4+}$荧光粉中的Mn^{4+}实际含量

样品	Sc/Mn 摩尔比	Mn^{4+}实际含量(摩尔分数)/%
1	100:0.3	0.34
2	100:0.5	0.53
3	100:0.7	0.68
4	100:1.0	0.97
5	100:2.0	1.88
6	100:4.0	3.46
7	100:6.0	5.17

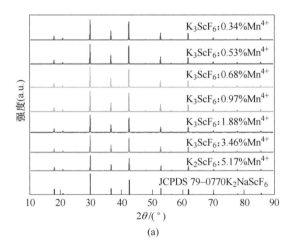

(a)

2.6 $K_3ScF_6:Mn^{4+}$ 荧光粉的最佳合成条件

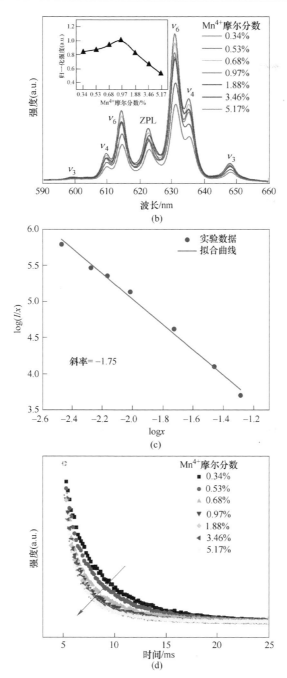

图 2.14 不同 Mn^{4+} 掺杂浓度的 $K_3ScF_6:Mn^{4+}$ 红色荧光粉的晶体结构与发光性质

(a) XRD 图；(b) 发射光谱（$\lambda_{ex}=470nm$），插图表示归一化的积分发光强度与 Mn^{4+} 掺杂浓度的关系曲线；(c) Mn^{4+} 掺杂浓度 x 的 $\log(I/x)$ 与 $\log x$ 之间的关系曲线；(d) 不同 Mn^{4+} 掺杂浓度的 $K_3ScF_6:Mn^{4+}$ 红粉的荧光衰减曲线

通常情况下，浓度猝灭是由于毗邻的 Mn^{4+} 之间发生能量转移，最终能量被转移到猝灭位点或缺陷中心，导致发光强度减弱。根据文献报道[21]，Mn^{4+} 的能量迁移机制有三种类型，即辐射重吸收、交换相互作用和多极相互作用。很明显，由于 $K_3ScF_6:Mn^{4+}$ 红色荧光粉的激发光谱和发射光谱之间没有重叠，因此能量转移的机制不是由辐射重吸收引起的。所以，Mn^{4+} 的浓度猝灭可能与多极相互作用或交换相互作用有关。为了明晰这个原因，基于 Blasse 能量迁移理论，根据下面这个公式计算了 K_3ScF_6 晶格中相邻的 Mn^{4+} 之间的临界距离 R_c[17]：

$$R_c \approx 2 \times \left(\frac{3V}{4\pi x_c N}\right)^{\frac{1}{3}} \tag{2.4}$$

式中，V 为 K_3ScF_6 的晶胞体积；x_c 为 Mn^{4+} 的临界浓度；N 为主晶格中掺杂剂可以替换的晶格位点数。

在 $K_3ScF_6:Mn^{4+}$ 红色荧光粉中，V 的值为 $0.611074nm^3$，$N=4$。由于 0.97% 是 $K_3ScF_6:Mn^{4+}$ 红色荧光粉的猝灭浓度，因此临界浓度 x_c 为 0.97%。通过式（2.4），K_3ScF_6 晶格中 Mn^{4+} 的临界距离计算为 $R_c=3.109nm$。然而，只有当 $R_c<0.5nm$ 时，才会发生交换相互作用[22]。上述 R_c 的计算结果远大于 $0.5nm$，所以交换相互作用不是 Mn^{4+} 之间的能量迁移发生的主要原因，Mn^{4+} 的非辐射能量迁移机制似乎归因于多极相互作用。根据 Dexter 理论[23]，K_3ScF_6 中 Mn^{4+} 之间的多极相互作用类型可以通过下面的公式来确定：

$$\frac{I}{x} = K\left[1 + \beta(x)^{\frac{\theta}{3}}\right]^{-1} \tag{2.5}$$

式中，I，x 分别为样品的积分发射强度和激活剂浓度；θ 为相互作用类型；K，β 为两个常数。

如果 θ 的取值分别为 6、8 和 10，分别对应于电偶极-电偶极（dipole-dipole, d-d）相互作用、电偶极-电四极（dipole-quadrupole, d-q）相互作用和电四极-电四极（quadrupole-quadrupole, q-q）相互作用。式（2.5）可以大致简化为以下公式：

$$\log\left(\frac{I}{x}\right) = -\frac{\theta}{3}\log x + A \tag{2.6}$$

如图 2.14（c）所示，描绘的是 $\log(I/x)$-$\log x$ 的函数关系曲线，其斜率为 $(-\theta/3)$。$\log(I/x)$-$\log x$ 的函数关系数据点可以很好地拟合为直线，斜率约为 $-\theta/3=-1.75$，进而可以得出相应的 $\theta=5.25$，非常接近 6。因此，$K_3ScF_6:Mn^{4+}$ 红色荧光粉中 Mn^{4+} 的浓度猝灭主要是由于电偶极-电偶极（d-d）相互作用。

为了进一步证明浓度猝灭，图 2.14（d）中给出了在 470nm 激发和 631nm 监测下不同 Mn^{4+} 掺杂浓度的 $K_3ScF_6:Mn^{4+}$ 样品的荧光衰减曲线。所有样品的荧光衰减曲线都可以很好地拟合为单指数函数。从图中可以看出，当 Mn^{4+} 的掺杂量（摩尔分数）从0.34%增加到5.17%时，Mn^{4+}的荧光寿命单调递减，从3.46ms逐渐减少到1.26ms，该现象表明出现了额外的能量衰减通道。在K_3ScF_6基质中，Mn^{4+}掺杂浓度的增加会减小毗邻Mn^{4+}离子之间的距离，从而导致Mn^{4+}离子之间的能量转移率和能量转移到猝灭中心或缺陷的概率增加。因此，Mn^{4+}掺杂量越大，非辐射能量迁移程度越严重，荧光寿命越短。

2.7　$K_3ScF_6:Mn^{4+}$荧光粉的热稳定性

WLED器件的制造和工作温度可达到150℃，其中LED芯片的工作温度通常会削弱荧光粉的荧光。因此，热稳定性是衡量WLED用荧光粉的一个重要参数。为了研究$K_3ScF_6:Mn^{4+}$红色荧光粉在温度大于室温时的发光特性，本节通过一个298~498K的加热和冷却循环实验，对$K_3ScF_6:Mn^{4+}$红色荧光粉在不同温度下的热稳定性进行探究。如图2.15（a）所示，从图中可以看出，在不同温度下，所有的发射峰都位于相同的位置，最大发射峰位于631nm，整个过程中没有发生明显的发射峰偏移。由于在加热过程中伴随着明显增强的非辐射跃迁，荧光粉的发射强度随测量温度的升高而逐渐降低。图2.15（b）显示了$K_3ScF_6:Mn^{4+}$红色荧光粉分别在加热和冷却过程中的相对积分发射强度变化趋势，可以看出$K_3ScF_6:Mn^{4+}$荧光粉的发射强度随温度升高下降很明显，表明出现了严重的非辐射能量弛豫，这可能是由于Sc^{3+}（$r=0.0745$mm）与Mn^{4+}（$r=0.053$nm）之间存在较大的离子半径差异所致[24]。但是，有趣的是，在冷却到298K后，$K_3ScF_6:Mn^{4+}$红色荧光粉的发射强度几乎恢复到初始水平。排除测量过程的随机误差，说明$K_3ScF_6:Mn^{4+}$红色荧光粉在变温下的发光猝灭是可逆的，其发光性能不会在升温后发生明

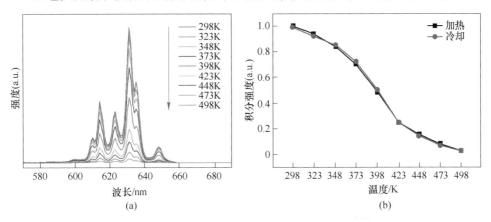

图2.15　在470nm激发下，$K_3ScF_6:Mn^{4+}$红色荧光粉的温度依赖性发射光谱（a）和其在加热和冷却过程中的温度依赖性积分发射强度变化趋势（b）

显的热退化。这个实验结果证实，$K_3ScF_6:Mn^{4+}$红色荧光粉具有一种较好的化学稳定性，主基质没有发生热分解。

在升温过程中，$K_3ScF_6:Mn^{4+}$红色荧光粉热猝灭的机理可以通过位形坐标图来解释。如图 2.16 所示，在 470nm 蓝光和 367nm 近紫外光照射下，位于基态$^4A_{2g}$中的Mn^{4+}的电子首先吸收能量，跃迁到激发态$^4T_{2g}$和$^4T_{1g}$，然后通过一个非辐射过程弛豫到中间态能级^2E_g。随后，发生Mn^{4+}的$^2E_g \to {}^4A_{2g}$的自旋禁戒跃迁得到红光发射。然而，随着温度的升高，一个非辐射能量弛豫通道将通过$^4T_{2g}$和$^4A_{2g}$能级的交叉点出现，进而导致$K_3ScF_6:Mn^{4+}$红色荧光粉的热猝灭现象。

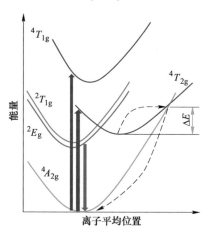

图 2.16 Mn^{4+}在K_3ScF_6晶格中的热猝灭机理

2.8 基于$K_3ScF_6:Mn^{4+}$荧光粉的 LED 封装器件的性能

将所制备的$K_3ScF_6:Mn^{4+}$红色荧光粉、商业化$YAG:Ce^{3+}$黄色荧光粉和环氧树脂通过不同比例进行混合，其中环氧树脂（A+B 胶）与荧光粉混合物的质量比是 10∶1，商业化$YAG:Ce^{3+}$黄色荧光粉与所制备的$K_3ScF_6:Mn^{4+}$红色荧光粉按照一定质量配比，然后将胶粉混合物涂覆在 InGaN 基蓝光芯片（约为 450nm，200mW）上，再将其置于 135℃真空干燥箱中固化 2h，即得到暖白光 LED 器件。

3 个 WLED 器件分别命名为 WLED-Ⅰ、WLED-Ⅱ和 WLED-Ⅲ。其中，WLED-Ⅰ仅由$YAG:Ce^{3+}$黄色荧光粉与 InGaN 基蓝光芯片（约为 450nm）组装而成，WLED-Ⅱ中$YAG:Ce^{3+}$黄色荧光粉与$K_3ScF_6:Mn^{4+}$红色荧光粉的质量比是 1∶5，WLED-Ⅲ中$YAG:Ce^{3+}$黄色荧光粉与$K_3ScF_6:Mn^{4+}$红色荧光粉的质量比为 1∶9。图 2.17（a）～（c）分别显示了 3 个 WLED 器件（WLED-Ⅰ、WLED-Ⅱ

2.8 基于 $K_3ScF_6:Mn^{4+}$ 荧光粉的 LED 封装器件的性能

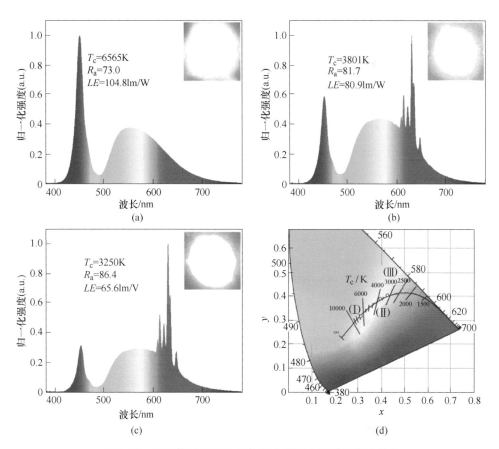

图 2.17 所封装的 WLED 器件的电致发光光谱和发光照片
(a) WLED-Ⅰ；(b) WLED-Ⅱ；(c) WLED-Ⅲ；(d) 三个 WLED 器件在 CIE 1931 色空间中的色坐标

和 WLED-Ⅲ）在 20mA 的驱动电流下的归一化电致发光光谱和通电后的发光照片。从光谱图中可以发现，与仅用 $YAG:Ce^{3+}$ 黄色荧光粉封装的 WLED-Ⅰ 光谱相比，在 WLED-Ⅱ 和 WLED-Ⅲ 光谱中的红光区域（600~650nm）可以看到一组很强的红光发射峰，很明显这是由 $K_3ScF_6:Mn^{4+}$ 红粉中 Mn^{4+} 的自旋禁戒 $^2E_g \rightarrow {^4}A_{2g}$ 辐射跃迁引起的，这表明 $K_3ScF_6:Mn^{4+}$ 红粉可以吸收 InGaN 基蓝光 LED 芯片的电致发光并将其转换为强烈的红光。从光谱图右上角的发光照片也可以看出，没有用 $K_3ScF_6:Mn^{4+}$ 红粉封装的 WLED 器件呈现出刺眼的冷白光，而使用 $K_3ScF_6:Mn^{4+}$ 红色荧光粉封装的 WLED 器件显示出柔和的暖白光。图 2.17（d）给出了三个封装的 WLED 器件在 CIE1931 色空间中的色坐标。其中，WLED-Ⅰ 的 CIE 色坐标为（0.3134，0.3169）、WLED-Ⅱ 的 CIE 色坐标为（0.3922，0.3904）、WLED-Ⅲ 的 CIE 色坐标为（0.4221，0.4022），而且，三个 WLED 器件的 CIE 色度坐标都位于 CIE 1931 色空间中的黑体辐射曲线上[25]。从色坐标图中也可以看出，添

加了红色荧光粉 K_3ScF_6:Mn^{4+} 后，WLED 器件的相应 CIE 坐标从冷白光区域移动到暖白光区域。另外，随着封装中所用的 K_3ScF_6:Mn^{4+} 红色荧光粉量的增多，WLED 器件的相关色温从 6565K 降至 3801K，再降至 3250K，显色指数从 73.0 提高至 81.7，再提高至 86.4。封装结果表明，Mn^{4+} 掺杂的 K_3ScF_6:Mn^{4+} 红色荧光粉可以作为一种高效的红光补偿剂在构建暖白光 LED 器件中有着应用前景。

2.9 结 论

本章通过共沉淀法成功制备了 K_3ScF_6:Mn^{4+} 红色荧光粉，对其晶体结构、电子结构、形貌、元素组成和发光特性进行了全面的解析。同时，对 Mn^{4+} 掺杂浓度、反应时间及反应温度进行了系统的优化实验。为了验证其实际的使用性能，还将其封装成 WLED 器件进行评估，得出的结论如下：

（1）K_3ScF_6 相可以通过调控 Sc/K 比诱导产生，掺杂 Mn^{4+} 之后的 K_3ScF_6:Mn^{4+} 荧光粉的真实结构与 K_2NaScF_6 结构一致，具有立方结构，空间群是 $Fm\bar{3}m$，晶格参数为 $a=b=c=0.84859(8)$ nm 和晶胞体积 $V=0.611074(2)$ nm³。Mn^{4+} 取代 Sc^{3+} 占据其晶格位点，位于扭曲的 [ScF_6] 八面体中心。密度泛函理论（DFT）计算表明 K_3ScF_6 基质拥有一个约 6.15eV 的宽带隙，可以提供足够的空间来容纳 Mn^{4+} 的能级，表明 K_3ScF_6 是一种优良的发光材料宿主。

（2）与其他大多数 Mn^{4+} 激活的氟化物红色荧光粉不同，本章所制备的 K_3ScF_6:Mn^{4+} 红色荧光粉具有高度均匀和规则的形貌，而且随着 Mn^{4+} 掺杂浓度的提高，其颗粒形状将从立方体逐渐转变为截断八面体，再转变为锥状八面体。

（3）在 470nm 蓝光激发下，所制备的 K_3ScF_6:Mn^{4+} 红色荧光粉显示出强烈的具有高色纯度的窄带红色荧光（最强峰位于 631nm）。荧光寿命处于微秒级别，与 Mn^{4+} d 壳内的禁戒跃迁特性一致。此外，荧光粉的加热和冷却循环实验过程中发光强度的恢复能力暗示着 K_3ScF_6:Mn^{4+} 红色荧光粉的较高化学稳定性。荧光粉经历高温，又恢复到室温之后，其发光性能不会出现明显的热退化。

（4）发光性能优化实验表明，不同反应温度、反应时间和不同 Mn^{4+} 掺杂浓度不会影响 K_3ScF_6:Mn^{4+} 红色荧光粉的相结构和相纯度，最佳的合成条件为反应温度 60℃、反应时间 2h、Mn^{4+} 掺杂量 0.97%。当 Mn^{4+} 掺杂量过高时，K_3ScF_6:Mn^{4+} 红色荧光粉将发生浓度猝灭，其猝灭机理是由于 Mn^{4+} 之间电偶极-电偶极（d-d）相互作用的非辐射能量迁移。

（5）作为一个概念性验证试验，研究使用所合成的 K_3ScF_6:Mn^{4+} 红色荧光粉、商业化 YAG:Ce^{3+} 黄色荧光粉和蓝光 LED 芯片三者结合封装成 WLED 器件，器件测试结果表明，不添加红色荧光粉的 LED 器件，相关色温过高（CCT = 6565K），显色指数低（CRI = 73）；在添加了 $K_3ScF_6:Mn^{4+}$ 红色荧光粉，并且随着其添加量的增加，LED 器件的相关色温不断降低，显色指数不断提高，白光器件的 CCT 和 Ra 值可分别达到 3250K 和 86.4。封装试验结果表明，$K_3ScF_6:Mn^{4+}$ 是一种具有应用前景的荧光粉，有望用于构建照明或显示应用的 WLED 器件。

参 考 文 献

[1] Bode H, Jenssen H, Bandte F. Über eine neue darstellung des kalium-hexafluoromanganats (Ⅳ) [J]. Angewandte Chemie, 1953, 65 (11)：304.

[2] Larson A C, Von Dreele R B. General structure analysis system (GSAS) [M]. LANSCE, MS-H805, Los Alamos National Laboratory, New Mexico, 1994：LAUR 86~748.

[3] Kresse G, Joubert D. From ultrasoft pseudopotentials to the projector augmented-wave method [J]. Physical Review B, 1999, 59 (3)：1758.

[4] Perdew J P, Burke K, Ernzerhof M. Generalized gradient approximation made simple [J]. Physical Review Letters, 1996, 77 (18)：3865.

[5] Monkhorst H J, Pack J D. Special points for Brillouin-zone integrations [J]. Physical Review B, 1976, 13 (12)：5188.

[6] Sun S, Yang Z. Recent advances in tuning crystal facets of polyhedral cuprous oxide architectures [J]. RSC Advances, 2014, 4 (8)：3804~3822.

[7] Xu J, Xue D. Five branching growth patterns in the cubic crystal system：A direct observation of cuprous oxide microcrystals [J]. Acta Materialia, 2007, 55 (7)：2397~2406.

[8] Buckley H. Crystal Growth [M]. John Wiley & Sons, Inc., New York, 1951.

[9] Liu G, Yu J C, Lu G Q, et al. Crystal facet engineering of semiconductor photocatalysts：motivations, advances and unique properties [J]. Chemical Communications, 2011, 47 (24)：6763~6783.

[10] Fang M H, Nguyen H D, Lin C C, et al. Preparation of a novel red $Rb_2SiF_6:Mn^{4+}$ phosphor with high thermal stability through a simple one-step approach [J]. Journal of Materials Chemistry C, 2015, 3 (28)：7277~7280.

[11] Shao Q, Wang L, Song L, et al. Temperature dependence of photoluminescence spectra and dynamics of the red-emitting $K_2SiF_6:Mn^{4+}$ phosphor [J]. Journal of Alloys and Compounds, 2017, 695：221~226.

[12] Deng T T, Song E H, Sun J, et al. The design and preparation of the thermally stable, Mn^{4+} ion activated, narrow band, red emitting fluoride $Na_3GaF_6:Mn^{4+}$ for warm WLED applications [J]. Journal of Materials Chemistry C, 2017, 5 (11)：2910~2918.

[13] Zhu Y, Liu Y, Brik M G, et al. Controlled morphology and improved photoluminescence of red emitting $K_2LiAlF_6:Mn^{4+}$ nano-phosphor by co-doping with alkali metal ions [J]. Optical Materials, 2017, 74：52~57.

[14] Hu T, Lin H, Cheng Y, et al. A highly-distorted octahedron with a C_{2v} group symmetry indu-

cing an ultra-intense zero phonon line in Mn^{4+}-activated oxyfluoride Na$_2$WO$_2$F$_4$ [J]. Journal of Materials Chemistry C, 2017, 5 (40): 10524~10532.

[15] Cheng H, Song Y, Liu G, et al. Hydrothermal synthesis of narrow-band red emitting K$_2$NaAlF$_6$:Mn^{4+} phosphor for warm-white LED applications [J]. RSC Advances, 2017, 7 (72): 45834~45842.

[16] Lin H, Hu T, Huang Q, et al. Non-rare-earth K$_2$XF$_7$:Mn^{4+} (X=Ta, Nb): a highly-efficient narrow-band red phosphor enabling the application in wide-color-gamut LCD [J]. Laser & Photonics Reviews, 2017, 11 (6): 1700148.

[17] Zhu M M, Pan Y X, Xi L Q, et al. Design, preparation, and optimized luminescence of a dodec-fluoride phosphor Li$_3$Na$_3$Al$_2$F$_{12}$:Mn^{4+} for warm WLED applications [J]. Journal of Materials Chemistry C, 2017, 5 (39): 10241~10250.

[18] Sijbom H F, Verstraete R, Joos J J, et al. K$_2$SiF$_6$:Mn^{4+} as a red phosphor for displays and warm-white LEDs: a review of properties and perspectives [J]. Optical Materials Express, 2017, 7 (9): 3332~3365.

[19] Wang Z, Shen B, Dong F, et al. A first-principles study of the electronic structure and mechanical and optical properties of CaAlSiN$_3$ [J]. Physical Chemistry Chemical Physics, 2015, 17 (22): 15065~15070.

[20] Zhu M, Pan Y, Huang Y, et al. Designed synthesis, morphology evolution and enhanced photoluminescence of a highly efficient red dodec-fluoride phosphor, Li$_3$Na$_3$Ga$_2$F$_{12}$:Mn^{4+}, for warm WLEDs [J]. Journal of Materials Chemistry C, 2018, 6 (3): 491~499.

[21] Liang S, Shang M, Lian H, et al. Deep red MGe$_4$O$_9$:Mn^{4+} (M=Sr, Ba) phosphors: structure, luminescence properties and application in warm white light emitting diodes [J]. Journal of Materials Chemistry C, 2016, 4 (26): 6409~6416.

[22] Zhu M, Pan Y, Wu M, et al. Synthesis and improved photoluminescence of a novel red phosphor LiSrGaF$_6$:Mn^{4+} for applications in warm WLEDs [J]. Dalton Transactions, 2018, 47 (37): 12944~12950.

[23] Dexter D L. A theory of sensitized luminescence in solids [J]. The Journal of Chemical Physics, 1953, 21 (5): 836~850.

[24] Nguyen H D, Liu R S. Narrow-band red-emitting Mn^{4+}-doped hexafluoride phosphors: synthesis, optoelectronic properties, and applications in white light-emitting diodes [J]. Journal of Materials Chemistry C, 2016, 4 (46): 10759~10775.

[25] Zhou Y Y, Song E H, Deng T T, et al. Waterproof narrow-band fluoride red phosphor K$_2$TiF$_6$:Mn^{4+} via facile superhydrophobic surface modification [J]. ACS Applied Materials & Interfaces, 2018, 10 (1): 880~889.

3 $K_2NaScF_6:Mn^{4+}$ 红色荧光粉的生成、形貌和发光特性研究

WLED 器件除了应用在白光照明方面外，在广色域液晶显示（LCD）背光源方面也具有巨大的应用前景。通过蓝光发射 InGaN 基 LED 芯片与 YAG:Ce^{3+} 黄色荧光粉组合封装的 WLED 器件由于其缺少红光成分及宽的发射带，导致在 CIE1931 色空间中只有约 68% 的 NTSC 色域[1,2]，因此不太适用于背光源显示。大量的研究学者将注意力转向了蓝光 LED 芯片与绿色荧光粉和红色荧光粉的组合方式。通过将蓝光芯片与商用 β-Sialon:Eu^{2+} 绿色荧光粉和 $CaAlSiN_3$:Eu^{2+} 红色荧光粉相结合，可以获得具有更宽的约 82% NTSC 色域的 WLED 器件[1]。但 $CaAlSiN_3$:Eu^{2+} 红色荧光粉具有发射带太宽（FWHM≈90nm），发射的大部分红光超出了人眼的视觉敏感范围及严重的重吸收缺陷，限制了其在显示用 WLED 器件中的应用[3]。Mn^{4+} 激活的新一代氟化物基质的红色荧光粉，由于其具有窄带红光发射、色纯度高、没有重吸收、发射光谱位于人眼敏感曲线内等众多优点，被认为是最适合用作显示用 WLED 器件封装的红色荧光粉。

本章合成了一种新型具有超高合成产率（约为 100%）和均一球形形貌的 Mn^{4+} 掺杂窄带红光发射的六氟钪酸盐荧光粉 K_2NaScF_6:Mn^{4+}，通过使用常规 XRD、同步辐射 XRD 技术、Rietveld 精修、密度泛函理论（DFT）计算、TEM、SEM、EDS、ICP 对其晶体结构、电子结构、形貌、元素组成进行全面的研究。通过室温光谱、变温光谱（低温和高温）、量子效率、荧光衰减曲线对其发光性能进行评估。同时，为了提高其合成产率和优化其发光性能，对反应物原料 KHF_2/Sc_2O_3 摩尔比和 Mn^{4+} 掺杂浓度对该荧光粉产率和发光性能的影响进行了系统的研究。此外，深入研究其合成反应机理，为提高 Mn^{4+} 掺杂氟化物红色荧光粉的粉体产率提供依据。最后，为了验证其在背光源显示用 LED 器件中的实际使用性能，将其与商用绿色发光材料结合封装成了 WLED 器件。

3.1 K_2NaScF_6:Mn^{4+} 红色荧光粉的制备

通过共沉淀法在 HF 溶液中合成 K_2NaScF_6:Mn^{4+} 红色荧光粉，以合成 K_2NaScF_6:2%Mn^{4+} 红色荧光粉为例，具体实验步骤如下：首先，将 4mmol Sc_2O_3（0.5516g）倒入 15mL HF 溶液中，并磁力搅拌 30min 使之完全转化为 ScF_3；然后，在剧烈磁力搅拌

下将 0.16mmol K_2MnF_6（0.0198g）前驱体倒入上述溶液中。在 K_2MnF_6 完全溶解后，加入 8mmol NaF（0.3359g），搅拌 3min 后，再将 112mmol KHF_2（8.7472g）沉淀剂加入该混合物溶液中，并将混合溶液进一步搅拌 30min，之后将聚四氟乙烯烧杯快速放入冰水浴中 2h，以避免 Mn^{4+} 的价态变化并减少有毒 HF 溶液的挥发，反应结束即得到 K_2NaScF_6:Mn^{4+} 沉淀。使用离心机收集 K_2NaScF_6:Mn^{4+} 沉淀物并用冰醋酸溶液洗涤两次，用无水乙醇洗涤三次，随后在 70℃ 下真空干燥 3h 以获得最终 K_2NaScF_6:Mn^{4+} 荧光粉。整个合成工艺流程如图 3.1 所示。图 3.1（a）和（b）分别为所得 K_2NaScF_6:Mn^{4+} 荧光粉在自然光和 450nm 蓝光照射下的图片，从图中可以看出，在蓝光照射下，粉末发出强烈的红光。为了比较和优化 K_2NaScF_6:Mn^{4+} 红色荧光粉的产率和发光性能，通过相同的工艺流程，保持其他合成参数恒定，改变沉淀剂 KHF_2 的添加量、Mn^{4+} 掺杂浓度分别制备了一系列 K_2NaScF_6:Mn^{4+} 红色荧光粉样品。

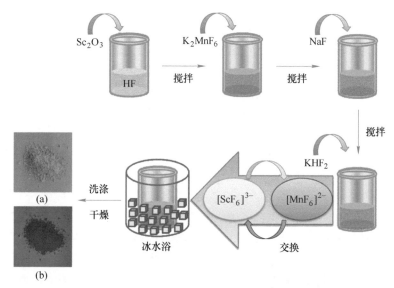

图 3.1 K_2NaScF_6:Mn^{4+} 红色荧光粉的制备流程图

3.2 K_2NaScF_6:Mn^{4+} 荧光粉的晶体结构

K_2NaScF_6:Mn^{4+} 红色荧光粉的晶体结构通过结合常规 XRD 与同步辐射 XRD 衍射结果的 Rietveld 精修来确定，如图 3.2（a）和（b）所示，表 3.1 给出了结合常规 XRD 与同步辐射 XRD 精修结果的晶体结构参数。此外，还进行了 K_2NaScF_6 基质的 Rietveld 精修（见图 3.3），表 3.2 给出了其精修结果的晶体结构参数。采用 K_2NaScF_6（ICSD 65730）的晶体学数据作为精修的初始模型，所有

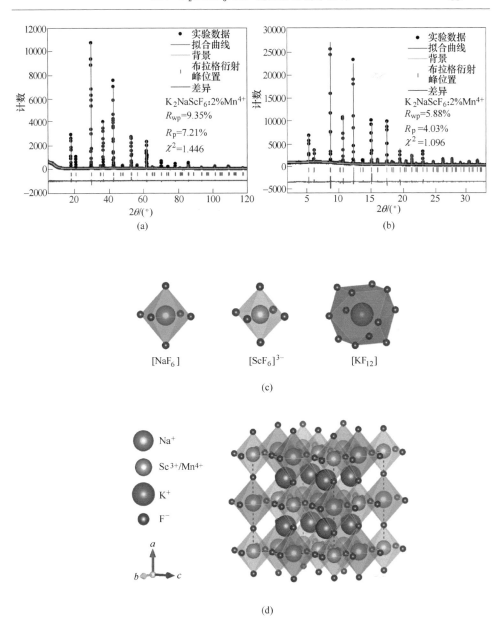

图 3.2 $K_2NaScF_6:2\%Mn^{4+}$ 红色荧光粉的晶体结构

(a) 常规 XRD 精修图谱（Bruker D8 测量的 XRD 数据）；(b) 同步辐射 XRD 精修图谱；
(c) Na^+，Sc^{3+}，K^+ 的配位环境；(d) $K_2NaScF_6:Mn^{4+}$ 的晶体结构示意图

的 Rietveld 精修过程是在 GSAS 软件[4]上完成的。从图中可以看出，所测试的常规 XRD 数据和使用同步辐射 XRD 技术测得的数据都与理论模拟计算的图谱高度匹配，表明精修结果是非常可靠的。表 3.3 中，$K_2NaScF_6:Mn^{4+}$ 红色荧光粉具有

立方结构的空间群 $Fm\bar{3}m$，与 K_2NaScF_6 基质的结构一致。然而与 K_2NaScF_6 基体相比，$K_2NaScF_6:Mn^{4+}$ 红色荧光粉显示出晶格体积的轻微收缩，这是由于离子半径更大的 Sc^{3+} 被离子半径较小的 Mn^{4+} 替代（离子半径：$Sc^{3+}=0.0745nm$，$Mn^{4+}=0.053nm$，配位数 $CN=6$）和在主晶格中由 Mn^{4+} 不等价掺杂产生的碱金属阳离子空位（见表3.1）引起的。Rietveld 精修结果表明，所合成的 $K_2NaScF_6:Mn^{4+}$ 红色荧光粉具有较高的相纯度，Mn^{4+} 很好地进入 K_2NaScF_6 主晶格中而不改变其晶体结构。图3.2（c）和（d）显示了 Na^+、Sc^{3+}、K^+ 的配位环境和 $K_2NaScF_6:Mn^{4+}$ 红色荧光粉的三维晶体结构图，从图中可以看出，所有 Na^+ 和 Sc^{3+} 分别与6个邻近的 F^- 连接成键，形成两个不同的八面体，即 $[NaF_6]$ 和 $[ScF_6]^{3-}$。共有的顶角将相邻的 $[NaF_6]$ 和 $[ScF_6]^{3-}$ 八面体连接到网格中，其中 K^+ 占据十二配位的空穴以形成 $[KF_{12}]$ 十面体。当配位环境 $CN=6$ 时，$Mn^{4+}(r=0.053nm)$ 的有效离子半径接近于 $Sc^{3+}(r=0.0745nm)$，因此 Mn^{4+} 优先取代 Sc^{3+} 位点形成畸变的 $[MnF_6]^{2-}$ 八面体。

表 3.1　$K_2NaScF_6:2\%Mn^{4+}$ 红色荧光粉 Rietveld 精修的晶体结构参数

原子	位点	x	y	z	占位率	温度因子 U_{iso}/nm^2
K	8c	0.25	0.25	0.25	0.9957(6)	0.000258(6)
Na	4b	0.50	0.50	0.50	0.9858(7)	0.000084(7)
Sc	4a	0	0	0	0.9816(3)	0.000066(8)
F	24e	0.2339(7)	0	0	1.0000(0)	0.000330(9)
Mn	4a	0	0	0	0.0183(7)	0.000064(3)

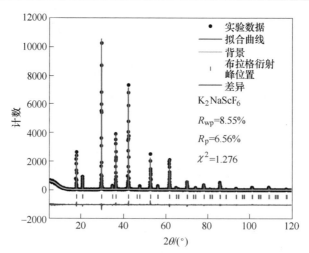

图 3.3　K_2NaScF_6 基质的 XRD 精修图谱

表 3.2　K_2NaScF_6 基质 Rietveld 精修的晶体结构参数

原子	位点	x	y	z	占位率	温度因子 U_{iso}/nm^2
K	8c	0.25	0.25	0.25	1	0.000440(4)
Na	4b	0.50	0.50	0.50	1	0.000330(9)
Sc	4a	0	0	0	1	0.000272(5)
F	24e	0.2341(8)	0	0	1	0.000566(6)

表 3.3　未掺杂的 K_2NaScF_6 基质和 Mn^{4+} 掺杂的 K_2NaScF_6 红色荧光粉 Rietveld 精修的晶体学数据

分子式	K_2NaScF_6	$K_2NaScF_6:2\%Mn^{4+}$
T/K	298	298
对称性	立方	立方
空间群	$Fm\bar{3}m$	$Fm\bar{3}m$
a, b, c/nm	0.847418(7)	0.843877(6)
β/(°)	90	90
体积/nm³	0.608545(15)	0.600950(12)
Z	4	4
2θ 范围/(°)	5~120	2~33
$R_{wp}/\%$	8.55	5.88
$R_p/\%$	6.56	4.03
χ^2	1.276	1.096

3.3　$K_2NaScF_6:Mn^{4+}$ 荧光粉的形貌及元素组成

在实际应用中，荧光粉的形貌是影响器件品质的重要因素。如图 3.4 所示，通过扫描电子显微镜（SEM）、透射电子显微镜（TEM）和 X 射线能谱仪（EDS），分析了所合成的 $K_2NaScF_6:Mn^{4+}$ 红色荧光粉的表面形貌和元素组成。低倍扫描电镜图像（见图 3.4（a））和高倍扫描电镜图像（见图 3.4（b））清楚地表明，所制备的 $K_2NaScF_6:Mn^{4+}$ 荧光粉颗粒是分散性良好、粒径均一、表面光滑的微米球，而且，该荧光粉的尺寸分布非常狭窄，平均尺寸约为 1.17μm（见图 3.4（d）），这些是荧光粉罕见但理想的特性，对于获得更高品质的 WLED 器件非常有利。所合成的 $K_2NaScF_6:Mn^{4+}$ 红色荧光粉无需额外的后处理工艺（例如筛选过程），可以大大减少制造成本。图 3.4（c）显示了通过透射电子显微镜（TEM）观察到的 $K_2NaScF_6:Mn^{4+}$ 红色荧光粉的形貌，从图中也可以看出该荧

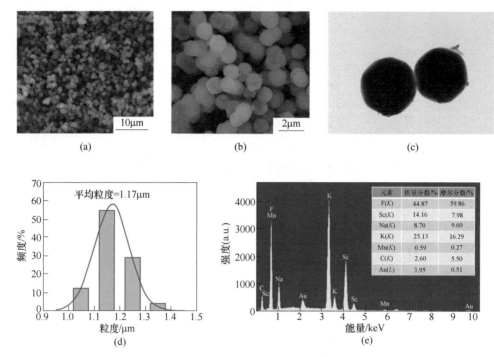

图 3.4 $K_2NaScF_6:Mn^{4+}$ 红色荧光粉的低倍（a）、高倍（b）SEM 图像，
TEM 图像（c），粒度分布图（d）和 EDS 能谱图（e）

光粉的形貌是分散均匀的球形颗粒，与扫描电子显微镜的结果一致。图 3.4（e）给出了 $K_2NaScF_6:Mn^{4+}$ 红色荧光粉的 EDS 能谱图，从图中可以看出，所合成的红色荧光粉 $K_2NaScF_6:Mn^{4+}$ 由钾（K）、钠（Na）、钪（Sc）、氟（F）和锰（Mn）元素组成。检测到一定量的 Mn 元素，证实了 Mn 元素确实掺杂到基体中；而且，K、Na、Sc 和 F 元素的摩尔分数分别为 16.29%、9.60%、7.98% 和 59.86%，接近于 2∶1∶1∶6 的比例，即 K_2NaScF_6 的化学计量比，这一结果进一步证实了所制备的荧光粉的相纯度非常高。检测到的碳（C）元素归因于导电胶树脂，检测到的金（Au）元素来源于样品的金喷漆。此外，还通过 X 射线电子能谱（XPS）分析了 $K_2NaScF_6:Mn^{4+}$ 红色荧光粉的表面元素组成。从图 3.5 可以观察到，XPS 能谱由属于 F、Sc、Na、K、Mn、C 和 O 元素明显的特征信号峰组成。显然，K、Na、Sc 和 F 元素来源于 $K_2NaScF_6:Mn^{4+}$ 红色荧光粉，而且其摩尔分数分别为 18.62%、8.05%、9.69% 和 52.41%，非常接近 K_2NaScF_6 的化学计量比 2∶1∶1∶6。XPS 分析结果与对应的 EDS 结果一致，这进一步说明合成后的 $K_2NaScF_6:Mn^{4+}$ 红色荧光粉相纯度很高。从 XPS 能谱中观察到 C 和 O 元素的较弱的特征信号峰是由于样品吸收了 H_2O 或 CO_2 而产生的。另外，由于 Mn^{4+} 的掺杂量低，其

特征信号峰较弱，因此，图 3.5 的插图中提供了 Mn 元素放大的 XPS 能谱，其清晰地显示了 Mn^{4+} 的特征信号峰。

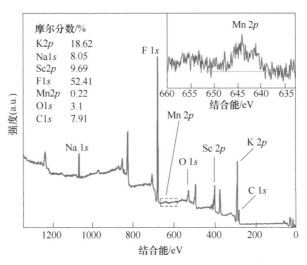

图 3.5　K_2NaScF_6:Mn^{4+} 红色荧光粉的 XPS 能谱

3.4　K_2NaScF_6 的电子结构和光学带隙

为了进一步研究 K_2NaScF_6 的结构，使用 Vienna Ab-initio Simulation Package（VASP）软件[5]基于密度泛函理论（DFT）第一性原理计算了 K_2NaScF_6 的晶格结构和电子结构。在计算中，采用了具有 Perdew-Burke-Ernzerhof（PBE）泛函的广义梯度近似（GGA）方法[6]。电子配置选择如下：F 为 $2s^22p^5$，Na 为 $2p^63s^1$，K 为 $3s^23p^64s^1$，Sc 为 $3p^64s^23d^1$。整个计算过程中，平面波基截止能量值均设为 550eV。k 点由 Monkhorst-Pack 方法[7]拟合得到。对于结构松弛和静态计算，k 点网格密度设置为 5×5×5。而对于态密度计算，k 点网格密度设置为 7×7×7。离子弛豫的收敛判据为 $1×10^{-4}$eV，电子自恰计算的收敛判据为 $1×10^{-6}$eV。通过计算，最优化的 K_2NaScF_6 的晶格参数为 0.861nm，与 Rietveld 精修的结果一致。在 K_2NaScF_6 晶体结构完全释放后，计算了其电子能带结构和态密度。图 3.6（a）为 K_2NaScF_6 晶胞的能带结构，从图中可以看出 K_2NaScF_6 的带隙为 6.46eV。然而，实际上带隙可能超过 8.0eV，因为 DFT 计算估计的带隙偏小。这样的宽带隙表明，K_2NaScF_6 基质可以提供足够的空间来容纳杂质能级，K_2NaScF_6 可以作为一种很有发展前景的发光材料宿主。为了更好地了解能带结构的组成，图 3.6（b）中给出了 K_2NaScF_6 的总态密度和局部态密度。从图中可以看出，导带由 Sc 的 $3d$ 态和小部分的 Na 的 $3s$ 态组成，带隙附近的窄而平的价带由 F 的 $2p$ 态构成。

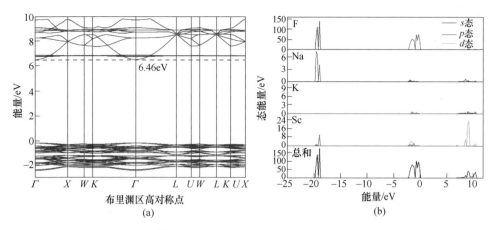

图 3.6 DFT 计算得到的 K_2NaScF_6 的能带结构（a）和态密度（b）

为了从实验上验证 DFT 计算的带隙的准确性，本节采用紫外可见漫反射光谱（DRS）进一步测试 K_2NaScF_6 的光学带隙。图 3.7 显示了代表性的 K_2NaScF_6 基质和 Mn^{4+} 掺杂的 K_2NaScF_6:Mn^{4+} 红色荧光粉的紫外可见漫反射光谱及 K_2NaScF_6:Mn^{4+} 的激发光谱。对于 K_2NaScF_6 基体，其 DRS 在 230~800nm 波长范围内呈现出高的反射平台，然后从 230~200nm 反射率显著降低。在 200nm 附近的强吸收是属于基质吸收带。此外，还可以将 DRS 进一步转化为能量尺度，通过以下公式估计其带隙[8]：

$$[F(R_\infty)h\nu]^n = A(h\nu - E_g) \tag{3.1}$$

式中，$h\nu$ 为光子能量；A 为比例常数；n 为常数，为 2 或者 1/2，分别对应于直接允许的跃迁和间接允许的跃迁；E_g 为光学带隙的值；$F(R_\infty)$ 是 Kubelka-Munk 函数，其表达式如下[8,9]：

$$F(R_\infty) = (1-R)^2/(2R) \tag{3.2}$$

式中，R 为样品的反射率。

根据 Tauc 关系式[9]绘制了 $[F(R_\infty)h\nu]^2$ 与 $h\nu$ 的关系曲线图，如图 3.7 的插图所示。根据线性外推法 $[F(R_\infty)h\nu]^2 = 0$（见图 3.7 插图中的红线），K_2NaScF_6 的光学带隙值约为 6.07eV，接近 DFT 计算确定的 6.46eV 的带隙值。而对于 Mn^{4+} 掺杂的 K_2NaScF_6:Mn^{4+} 红色荧光粉，200nm 附近的基质吸收发生较大的红移，这可能由于 Mn^{4+} 掺杂后，Mn^{4+}-F^- 的电荷迁移带（CTB）与基质吸收带发生了重叠或者带隙变窄的缘故[10]。此外，在 416~530nm 和 324~416nm 还存在两个强烈的宽吸收带，分别来源于 Mn^{4+} 的 $^4A_2\rightarrow{^4T_2}$ 和 $^4A_2\rightarrow{^4T_1}$ 的自旋允许的跃迁，而且它们与相应的激发带一一对应。值得注意的是，最强吸收带正好位于蓝光区域，这

使得 K_2NaScF_6:Mn^{4+} 红色荧光粉可以完美地与商用 InGaN 蓝光芯片匹配。

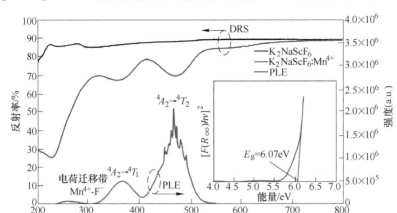

图 3.7　K_2NaScF_6 基质和 Mn^{4+} 掺杂的 K_2NaScF_6:Mn^{4+} 红色荧光粉的紫外可见漫反射光谱及 K_2NaScF_6:Mn^{4+} 的激发光谱

3.5　Mn^{4+} 在 K_2NaScF_6 晶格中的晶体场强度和电子云重排效应

如图 3.8（a）所示，Tanabe-Sugano 能级图可以很好地说明八面体环境对 Mn^{4+} $3d^3$ 能级的影响。K_2NaScF_6 基质中 Mn^{4+} 的晶体场强度 D_q 可以通过 Mn^{4+}：$^4A_2 \rightarrow {}^4T_2$（21368 cm^{-1}）跃迁的峰值能量来确定，计算公式如下[11]：

$$D_q = \frac{E(^4A_2 \rightarrow {}^4T_2)}{10} \tag{3.3}$$

D_q 的值计算约为 2137 cm^{-1}。基于 Mn^{4+} 的 $^4A_2 \rightarrow {}^4T_1$（27248 cm^{-1}）和 Mn^{4+} 的 $^4A_2 \rightarrow {}^4T_2$（21368 cm^{-1}）跃迁的峰值能量差（5880 cm^{-1}），Racah 参数 B 可以根据以下公式确定：

$$\frac{D_q}{B} = \frac{15(x-8)}{(x^2-10x)} \tag{3.4}$$

这里，参数 x 的定义如下：

$$x = \frac{E(^4A_2 \rightarrow {}^4T_1) - E(^4A_2 \rightarrow {}^4T_2)}{D_q} \tag{3.5}$$

Racah 参数 C 使用以下公式确定：

$$\frac{E(^2E \rightarrow {}^4A_2)}{B} = \frac{3.05C}{B} + 7.9 - \frac{1.8B}{D_q} \tag{3.6}$$

经过计算，$K_2NaScF_6:Mn^{4+}$ 红色荧光粉的 Racah 参数 B 和 C 的值分别约为 541cm^{-1} 和 3950cm^{-1}。因此，D_q/B 约等于 3.947。如图 3.8（a）所示，上述计算结果表明，K_2NaScF_6 主晶格中的 Mn^{4+} 遭受到强晶体场强度的影响。

Mn^{4+} 的 ^2E 能级几乎不受晶体场强度的影响，然而其位置却因基质的不同而有所差异，进而导致 Mn^{4+} 的 $^2E \to ^4A_2$ 跃迁的发射波长位置不同。造成这种 Mn^{4+} 的 $^2E \to ^4A_2$ 跃迁能量变化的主要原因是依赖于金属-配体化学键共价性的电子云重排效应。为了评估 Mn^{4+} 在 K_2NaScF_6 基质中受共价性的影响程度，使用由 Brik 等人建立的电子云重排比 β_1 来评估[12]：

$$\beta_1 = \sqrt{\left(\frac{B}{B_0}\right)^2 + \left(\frac{C}{C_0}\right)^2} \quad (3.7)$$

式中，B，C 分别为自由离子 Mn^{4+} 的 Racah 参数；B_0（1160cm^{-1}），C_0（4303cm^{-1}）分别为晶体中游离状态的 Mn^{4+} 的 Racah 参数。

对于 Mn^{4+} 掺杂的 $K_2NaScF_6:Mn^{4+}$ 红色荧光粉，β_1 确定约为 1.0298，数据点（β_1，E）如图 3.8（b）所示，从图中可以看出，这个数据点遵循由 Brik 和 Srivastava 等人建立的经验关系曲线[12]，而且非常接近其他 Mn^{4+} 掺杂的氟化物红色荧光粉的数据点。

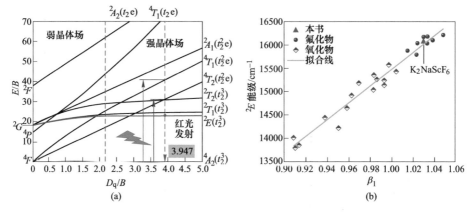

图 3.8 八面体晶体场中 Mn^{4+} 的 Tanabe-Sugano 能级图（a）和 Mn^{4+} 的 ^2E 能级与电子云重排比 β_1 之间的经验线性关系曲线（b）

3.6 $K_2NaScF_6:Mn^{4+}$ 荧光粉的生成机理

本节研究沉淀剂 KHF_2 添加量对 $K_2NaScF_6:Mn^{4+}$ 红粉的粉体产率的影响。产率的计算方式如下：在其他合成条件相同的情况下，采用不同 Sc/K 摩尔比合成 $K_2NaScF_6:Mn^{4+}$ 红色荧光粉三次。三次制备过程中，在同一 Sc/K 摩尔比条件下合成的 $K_2NaScF_6:Mn^{4+}$ 红粉的粉体质量的三个测量值分别命名为 M_1、M_2 和 M_3，则该 Sc/K 摩尔比条件下合成的 $K_2NaScF_6:Mn^{4+}$ 红粉的粉体质量通过以下公式确定：

$$M = \frac{M_1 + M_2 + M_3}{3} \tag{3.8}$$

所有样品都是在真空干燥箱中 150℃ 条件下干燥 8h 后称重。

氟化物溶解度测试的过程如下：首先，在 100mL 去离子水中加入过量的单一氟化物基质（质量记为：m_1）并在 25℃ 下保持 1 周时间来制备饱和溶液，以达到溶解度平衡。然后，使用离心机收集未溶解的残余物，在真空干燥箱中 150℃ 条件下干燥 8h 重新称重（质量记为：m_2）。由于离心机不会收集到已溶解的那部分氟化物，因此其溶解度值可按下式计算：$S_n = m_1 - m_2$。对于每种氟化物基质，该实验测试过程重复三次，溶解度值分别表示为 S_1、S_2 和 S_3，则每种氟化物的最终溶解度通过以下公式确定：

$$S = \frac{S_1 + S_2 + S_3}{3} \tag{3.9}$$

图 3.9（a）所示为用不同摩尔比的 KHF_2 与 Sc_2O_3 合成的 Mn^{4+} 激活的 K_2NaScF_6 红色荧光粉的 XRD 图。从图中可以看出，所有的衍射峰都可以分配给 K_2NaScF_6 的标准 XRD 图谱（JCPDS 79-0770，空间群 $Fm\bar{3}m$，$a = b = c = 0.84717\text{nm}$，$\beta = 90°$），并且没有发现额外的杂质峰，表明所有 Mn^{4+} 掺杂的 K_2NaScF_6 样品都是纯相，并且在 Mn^{4+} 掺杂后，K_2NaScF_6 的晶体结构没有发生明显改变。$K_2NaScF_6:Mn^{4+}$ 红色荧光粉的形成机理可以通过以下离子反应式表示：

$$Sc_2O_3 + 6F^- + 6H^+ \Longrightarrow 2ScF_3 + 3H_2O \tag{3.10}$$

$$ScF_3 + 3F^- \Longrightarrow [ScF_6]^{3-} \tag{3.11}$$

$$[ScF_6]^{3-} + Na^+ + 2K^+ \Longrightarrow K_2NaScF_6 \tag{3.12}$$

$$(1-x)[ScF_6]^{3-} + x[MnF_6]^{2-} + Na^+ + 2K^+ \longrightarrow K_2NaSc_{1-x}Mn_xF_6 \tag{3.13}$$

根据反应式（3.10），由于 F^- 的电负性比 O^{2-} 大，F^- 将攻击 Sc^{3+} 并逐渐取代 O^{2-} 而与 Sc^{3+} 连接，生成 ScF_3 和副产物水。因此，当 Sc_2O_3 加入过量的含有 NaF 和 KHF_2 的高浓度 HF 溶液中时，大量的 F^- 会同时攻击 Sc_2O_3 中的 Sc^{3+} 并逐渐产生稳定的 $[ScF_6]^{3-}$ 八面体阴离子基团（反应式（3.11）），最后 $[ScF_6]^{3-}$ 阴离子基团再与 K^+ 和 Na^+ 结合形成立方相 K_2NaScF_6（反应式（3.12））。当形成最终的立方相 K_2NaScF_6 时，Mn^{4+} 将通过阴离子基团 $[ScF_6]^{3-}$ 和 $[MnF_6]^{2-}$ 之间的非等价离子交换过程掺杂到 K_2NaScF_6 晶格中（反应式（3.13））。

图 3.9（b）所示为用不同摩尔比的 KHF_2 与 Sc_2O_3 合成的 $K_2NaScF_6:Mn^{4+}$ 红色荧光粉的平均产率（基于 Sc）变化趋势图，从图中可以看出，随着 Sc/K 摩尔比从 1∶6 减小到 1∶26，$K_2NaScF_6:Mn^{4+}$ 红色荧光粉的产率逐渐增加。在 Sc/K 摩尔比为 1∶26 时，其产率已经达到 100% 的理论产率。进一步减小 Sc/K 摩尔比，

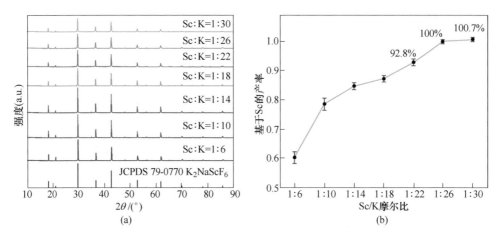

图 3.9 不同 Sc/K 摩尔比合成的 $K_2NaScF_6:Mn^{4+}$ 红色荧光粉的 XRD 图（a）和粉体产率（b）
（图（b）中紫色条是粉末平均产率测定过程中的误差（≤2%））

$K_2NaScF_6:Mn^{4+}$ 荧光粉的产率不再大幅度增加，最终稳定在 100.7%。实际荧光粉产率超过 100% 达到 100.7% 可能是由于荧光粉吸收了少量水分或者测量过程中的随机误差。很明显，添加过量的 KHF_2 可以显著地提高 $K_2NaScF_6:Mn^{4+}$ 红色荧光粉的产率。根据上面提到的反应机理，$K_2NaSc_{1-x}Mn_xF_6$ 荧光粉在溶液中沉淀可以通过以下的化学反应式来表示：

$$(1-x)Sc_2O_3 + 12(1-x)F^- + 4K^+ + 6(1-x)H^+ + 2x[MnF_6]^{2-} + 2Na^+ \longrightarrow 2K_2NaSc_{1-x}Mn_xF_6 + 3(1-x)H_2O \quad (3.14)$$

基于式（3.14）这个总的反应式，可以看出沉淀剂 KHF_2 的量是该实验中唯一改变的参数，其在控制 $K_2NaScF_6:Mn^{4+}$ 荧光粉的产率中起着关键作用。加入反应体系的 KHF_2 量增加，反应溶液中 K^+ 含量增加，K^+ 有更高的概率与 $[ScF_6]^{3-}$ 八面体阴离子基团结合形成 $K_2NaScF_6:Mn^{4+}$ 荧光粉沉淀。因此，增加 KHF_2 量，将促进该反应向沉淀方向进行，荧光粉的产率不断提高。另外，K_2NaScF_6 基质的低溶解度是高产率的另一个关键因素。K_2NaScF_6 基质材料不可避免地会在 HF 水溶液中电离形成复合阴离子基团 $[ScF_6]^{3-}$ 和碱金属阳离子（K^+，Na^+），用下面的电离反应式表示：

$$K_2NaScF_6 \longrightarrow 2K^+ + Na^+ + [ScF_6]^{3-} \quad (3.15)$$

根据反应式（3.15），K_2NaScF_6 基质溶解度越低，电离程度就越小，溶液中以沉淀形式存在的 K_2NaScF_6 基质材料就越多；而且加入反应体系的 KHF_2 量越多，HF 水溶液中的 K^+ 就越多，对电离过程的抑制就会越严重。因此，K_2NaScF_6 可以在 HF 水溶液中以沉淀的形式稳定存在。综上所述，这就是为什么 K_2NaScF_6：

Mn^{4+}红色荧光粉的产率可以接近理论产率100%。为了通过实验验证这一点，测量了K$_2$NaScF$_6$和一些典型Mn^{4+}掺杂氟化物基质的溶解度并列于表3.4中。结果表明，K$_2$NaScF$_6$的溶解度远低于其他氟化物，证实了上述观点的正确性。因此，推断K$_2$NaScF$_6$更低的溶解度可能是其产率高于其他氟化物荧光粉的主要原因。

表3.4 K$_2$NaScF$_6$和一些典型氟化物的溶解度

分子式	实验测量的溶解度 （100mLH$_2$O，25℃）/g	文献中的溶解度 （100mLH$_2$O）/g	参考文献
K$_2$NaScF$_6$	0.034		本书
K$_2$TiF$_6$	1.294		
Na$_2$TiF$_6$	7.303		
(NH$_4$)$_2$TiF$_6$	29.004		
K$_2$SiF$_6$	0.266	0.121(17℃)	[13]
Na$_2$SiF$_6$	0.993	0.715(20℃)	[13]
(NH$_4$)$_2$SiF$_6$	26.795	21.556(20℃)	[13]
K$_3$AlF$_6$	0.292		
Na$_3$AlF$_6$	0.913		

3.7 K$_2$NaScF$_6$:Mn^{4+}荧光粉发光性能的优化

3.7.1 反应物Sc$_2$O$_3$/KHF$_2$摩尔比对发光性能的影响

为了明晰Sc/K摩尔比是否对K$_2$NaScF$_6$:Mn^{4+}红色荧光粉的发光强度有影响，测试了以不同Sc/K摩尔比（Sc：K=1：6，1：10，1：14，1：18，1：22，1：26和1：30）合成的一系列K$_2$NaScF$_6$:Mn^{4+}红色荧光粉的发射光谱。如图3.10（a）所示，在468nm激发下，这些不同Sc/K摩尔比合成的K$_2$NaScF$_6$:Mn^{4+}样品的发射光谱除了发光强度之外几乎完全相同。所有样品的发射光谱都由7个位于598nm、609nm、614nm、622nm、630nm、634nm、647nm处的尖锐发射峰组成，分别对应于Mn^{4+}的$^2E \rightarrow ^4A_2$跃迁的反斯托克斯$\nu_3(t_{1u})$、$\nu_4(t_{1u})$、$\nu_6(t_{2u})$，零声子线（ZPL）和斯托克斯$\nu_6(t_{2u})$、$\nu_4(t_{1u})$、$\nu_3(t_{1u})$振动模式[14]。同时，在图3.10（b）中可以清楚地看到，K$_2$NaScF$_6$:Mn^{4+}荧光粉的发光强度首先随着Sc/K摩尔比的增加而增加，当Sc/K摩尔比为1：14时达到最大值，然后开始单调递减。因此认为，在不考虑合成产率的情况下，设计合成K$_2$NaScF$_6$:Mn^{4+}红色荧光粉的Sc/K最佳摩尔比为1：14。为了进一步理解这个现象，将不同Sc/K摩

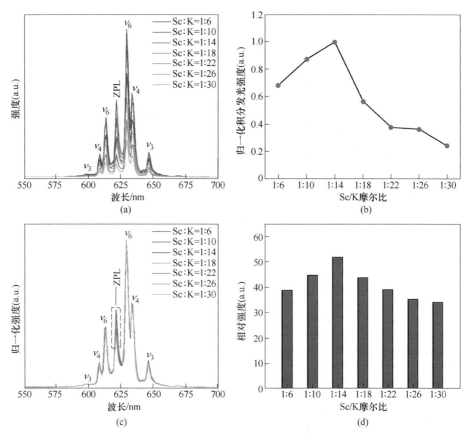

图 3.10 在 468nm 激发下不同 Sc/K 摩尔比制备的 K_2NaScF_6:Mn^{4+} 红色荧光粉的发射光谱（a），归一化积分发光强度（b），归一化发射光谱（c）和相对 ZPL 强度（d）

尔比合成的 K_2NaScF_6:Mn^{4+} 荧光粉的发射光谱强度进行了归一化处理，如图 3.10（c）所示，从图中可以看出，除 ZPL 发射外，光谱轮廓保持不变。图 3.10（d）显示了相对 ZPL 强度的变化。ZPL 强度的变化趋势与不同 Sc/K 摩尔比制备的 K_2NaScF_6:Mn^{4+} 荧光粉的积分发光强度相同。值得注意的是，K_2NaScF_6:Mn^{4+} 样品的发光强度越大，其 ZPL 发射越强。事实上，ZPL 的发射强度严格地取决于 Mn^{4+} 周围环境的局部对称性，ZPL 发射会随着主晶格中 Mn^{4+} 取代位点对称性的降低而增强[14]。在该体系中，Mn^{4+} 不等价掺杂到离子半径较大的 Sc^{3+} 位点，Mn^{4+} 的掺杂量越大，主晶格畸变越严重，Mn^{4+} 取代位点的对称性越低，则 ZPL 的发射强度越高。因此，尽管实验中 K_2MnF_6 与 Sc_2O_3 的摩尔比是固定的，但可以合理地推断出以不同 Sc/K 摩尔比合成的 K_2NaScF_6:Mn^{4+} 样品中 Mn^{4+} 的实际掺杂量是不同的。为了确认 K_2NaScF_6:Mn^{4+} 样品的实际 Mn^{4+} 掺杂量是否显示出与积分发光强度和 ZPL 发射强度相似的变化趋势，采用 ICP-AES 方法进一步测试了不同 Sc/K 摩尔比合成的 $K_2NaScF_6:Mn^{4+}$ 样品中 Mn^{4+} 的实际掺杂量，见表 3.5。研究发现，$K_2NaScF_6:Mn^{4+}$ 样品中 Mn^{4+} 的实际掺杂量对 Sc/K 摩尔比的依赖性与样品的 ZPL 发射强度（见图 3.10（d））及样品的发光强度（见图 3.10（b））的变化完全一致，表明 $K_2NaScF_6:Mn^{4+}$ 样品的发光强度对 Sc/K 摩尔比的依赖性归因于激活剂 Mn^{4+} 掺杂量的变化，其掺杂量可由 KHF_2 添加量控制。这一分析结果表明，适当增加进入反应体系的 KHF_2 量可以提高 $K_2NaScF_6:Mn^{4+}$ 荧光粉中 Mn^{4+} 的实际掺杂量。然而，随着 KHF_2 加入量的进一步增加，Mn^{4+} 的实际掺杂量趋于逐渐减少。造成这种现象的一个可能原因是，当 Sc^{3+} 被 Mn^{4+} 取代时，溶液中过量的 K^+ 严重加剧了 $K_2NaSc_{1-x}F_6:xMn^{4+}$ 荧光粉体系的电荷失衡[15]。

表 3.5 用不同 Sc/K 摩尔比合成 $K_2NaScF_6:Mn^{4+}$ 红色荧光粉的方案和 Mn^{4+} 的理论掺杂量及实际掺杂量

样品	Sc：K（摩尔比）	Mn^{4+}理论掺杂量（摩尔分数）/%	Mn^{4+}实际掺杂量（摩尔分数）/%
1	1：6	3	0.92
2	1：10	3	1.45
3	1：14	3	2.21
4	1：18	3	1.26
5	1：22	3	1.06
6	1：26	3	0.89
7	1：30	3	0.72

3.7.2 Mn^{4+} 掺杂量对发光性能的影响

为了进一步优化 $K_2NaScF_6:Mn^{4+}$ 红色荧光粉的组成，从而提高其发光强度，根据表 3.6 中的合成参数，采用相同的合成步骤制备了一系列不同 Mn^{4+} 掺杂量的 $K_2NaScF_6:Mn^{4+}$ 样品。所有样品均被确认为纯相，如图 3.11 所示。图 3.12（a）显示了在 468nm 激发下所合成的不同 Mn^{4+} 掺杂量的 $K_2NaScF_6:Mn^{4+}$ 样品的发射光谱，从图中可以看出，所有发射光谱在 598nm、609nm、614nm、622nm、630nm、634nm、647nm 处包含 7 个尖锐的线性峰，这些发射峰分别对应 Mn^{4+} 的 $^2E \rightarrow {}^4A_2$ 跃迁的反斯托克斯 $\nu_3(t_{1u})$、$\nu_4(t_{1u})$、$\nu_6(t_{2u})$，零声子线（ZPL）和斯托克斯 $\nu_6(t_{2u})$、$\nu_4(t_{1u})$、$\nu_3(t_{1u})$ 振动模式[16]。随着 Mn^{4+} 掺杂量的增加，$K_2NaScF_6:Mn^{4+}$ 红色荧光粉的发光强度先增强，并且在 Mn^{4+} 掺杂量为 1.94% 时，其发光强度达到最大值，然后随着 Mn^{4+} 掺杂量进一步增加，由于浓度猝灭的影响,其发光强度逐渐下降(见图3.12(d))。因此,Mn^{4+}的最佳掺杂含量为1.94%。在468nm蓝光激发下,K_2NaScF_6:Mn^{4+}(1.94%)红色荧光粉的内量子产率为70.3%,如图3.13所示,其内量子产率接近一些典型的Mn^{4+}掺杂氟化物红粉(例如K_2SiF_6:Mn^{4+}红粉[17]的内量子产率为74%)和商用稀土(RE)离子掺杂的氮氧化物红色荧光粉(例如Ca-α-Sialon:Eu^{2+}红粉[18]的内量子产率为70%)。为了进一步研究Mn^{4+}掺杂量对其发光性能的影响,将不同Mn^{4+}掺杂量的K_2NaScF_6:Mn^{4+}样品的发射光谱进行归一化并显示在图3.12(b)中,从图中可以看出,除ZPL部分外,所有光谱重叠在一起。另外,由图3.12(b)中的插图可以看出,ZPL的相对强度随着Mn^{4+}掺杂量的增加而单调增强,这是由于越来越多的较大离子半径的Sc^{3+}晶格位点被较小离子半径的Mn^{4+}所占据,导致晶格畸变收缩,Mn^{4+}取代位点对称性降低,从而使得ZPL发射单调增强。

表3.6 用不同Sc/Mn摩尔比合成K_2NaScF_6:Mn^{4+}荧光粉的制备方案和ICP测试的Mn^{4+}实际掺杂量

样品	Sc:Mn(摩尔比)	Mn^{4+}实际掺杂量(摩尔分数)/%
1	100:0.5	0.51
2	100:1	0.98
3	100:2	1.94
4	100:4	3.52
5	100:6	5.09
6	100:8	6.93

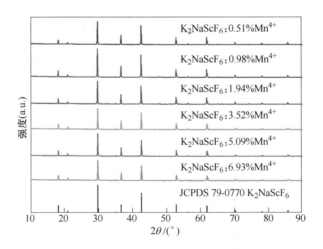

图3.11 不同Mn^{4+}掺杂量的K_2NaScF_6:Mn^{4+}红粉的XRD图

3.7 $K_2NaScF_6:Mn^{4+}$ 荧光粉发光性能的优化

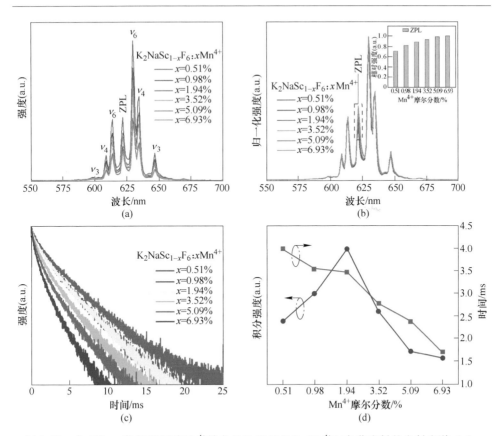

图 3.12 在 468nm 激发下不同 Mn^{4+} 掺杂量的 $K_2NaScF_6:Mn^{4+}$ 红色荧光粉的发射光谱（a）、归一化发射光谱（b）、荧光衰减曲线（c）和积分发光强度和荧光寿命（d）

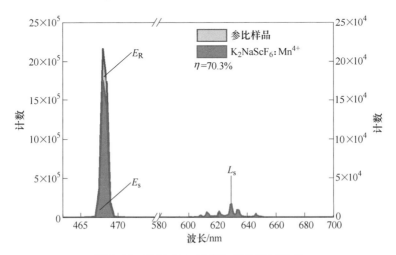

图 3.13 $K_2NaScF_6:Mn^{4+}$ 红粉的量子效率

（在 468nm 激发下，使用积分球测量 $K_2NaScF_6:Mn^{4+}$ 红粉和参比样品的发射光谱图）

为了证明浓度猝灭现象的存在,图 3.12(c)中描绘了在 468nm 蓝光激发下 $K_2NaScF_6:Mn^{4+}$ 样品的 Mn^{4+} 浓度依赖性荧光衰减曲线。所有的衰减曲线都可以通过双指数衰减模型拟合[19]:

$$I_{(t)} = A_1 e^{\frac{-t}{\tau_1}} + A_2 e^{\frac{-t}{\tau_2}} \tag{3.16}$$

式中,A_1,A_2 为拟合常数;τ_1,τ_2 为指数组成部分的局部寿命;I 为发光强度;t 为时间。

K_2NaScF_6 主晶格中 Mn^{4+} 的平均发光寿命 τ 可以通过以下公式计算:

$$\tau = \frac{A_1 \tau_1^2 + A_2 \tau_2^2}{A_1 \tau_1 + A_2 \tau_2} \tag{3.17}$$

K_2NaScF_6 主晶格中 Mn^{4+} 的平均发光寿命与 Mn^{4+} 掺杂量的关系曲线显示在图 3.12(d)中。随着 Mn^{4+} 掺杂量的增加,Mn^{4+} 的寿命从 3.99ms 单调地下降到 1.71ms,这是由于 Mn^{4+} 间显著增强的非辐射能量迁移导致的。此外,毫秒级的寿命表明 Mn^{4+} d 壳内电子跃迁是禁戒特性。

为了更好地了解 $K_2NaScF_6:Mn^{4+}$ 红色荧光粉的浓度猝灭机理,根据以下公式估算相邻 Mn^{4+} 之间临界距离 R_c[20]:

$$R_c \approx 2 \times \left(\frac{3V}{4\pi x_c N}\right)^{\frac{1}{3}} \tag{3.18}$$

式中,V 为 K_2NaScF_6 的晶胞体积;x_c 为 Mn^{4+} 的临界浓度;N 为主晶格中掺杂剂可以替换的晶格位点数。

对于 K_2NaScF_6 基质,$V = 0.608545\text{nm}^3$,$N = 4$,临界浓度 x_c 为 1.94%(摩尔分数)。通过计算,K_2NaScF_6 晶格中 Mn^{4+} 的临界距离(R_c)确定为 2.465nm。交换相互作用只能在 R_c 小于 0.5nm 时才可能发生[21]。计算的 R_c 远大于 0.5nm,这意味着 Mn^{4+} 之间的非辐射能量迁移不太可能是交换相互作用。因此,K_2NaScF_6 基质中 Mn^{4+} 的非辐射能量迁移是多极相互作用的结果。根据 Dexter 理论[22],可以使用以下公式确定多极相互作用的相关类型:

$$\frac{I}{x} = K[1 + \beta(x)^{\frac{\theta}{3}}]^{-1} \tag{3.19}$$

式中,I,x 分别为 $K_2NaScF_6:Mn^{4+}$ 红色荧光粉的积分发射强度和不小于 x_c 的激活剂浓度;K,β 为两个常数;θ 为 6、8 和 10,分别对应于电偶极-电偶极(dipole-dipole,d-d)相互作用、电偶极-电四极(dipole-quadrupole,d-q)相互作用和电四极-电四极(quadrupole-quadrupole,q-q)相互作用。

式(3.19)可以近似变形为以下公式:

$$\log\left(\frac{I}{x}\right) = -\frac{\theta}{3}\log x + A \tag{3.20}$$

如图 3.14 所示，$\log(I/x)$ 与 $\log x$ 的函数关系几乎是线性的，其斜率 $(-\theta/3)=-1.90$。进而计算出相应的 θ 为 5.70，接近于 6。因此，K_2NaScF_6 主晶格中 Mn^{4+} 的浓度猝灭主要源于电偶极-电偶极（d-d）相互作用。

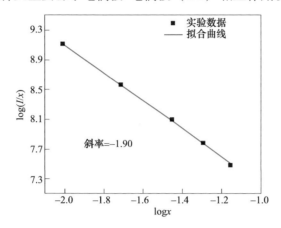

图 3.14 在 $K_2NaScF_6:Mn^{4+}$ 红色荧光粉中 $\log(I/x)$ 与 $\log x$ 之间的关系曲线

3.8 $K_2NaScF_6:Mn^{4+}$ 荧光粉的温度依赖性发光行为

3.8.1 低温发光行为

声子和电子之间的相互作用与温度密切相关。图 3.15（a）所示为 $K_2NaScF_6:Mn^{4+}$ 红色荧光粉在 20~300K 温度范围内的温度依赖性发射光谱图，从图中可以看出，在低温（20 K）时，反斯托克斯声子边带发射非常弱，ZPL 和斯托克斯声子边带发射几乎是 Mn^{4+} 的 $^2E \rightarrow ^4A_2$ 中 ^2E 能级的总发射量。随着温度的升高，电子有更大的概率跃迁到更高的能级，这使得反斯托克斯声子边带的发射越来越强[23]。与此同时，ZPL 的发射明显减弱，其半峰宽（FWHM）变宽，说明声子和电子间相互作用增强[24]。图 3.15（b）给出了 Mn^{4+} 总的发射（580~660nm）、反斯托克斯边带发射（580~616nm）、ZPL（616~626nm）和斯托克斯边带发射（626~660nm）的积分发光强度与温度的关系曲线图。由于非辐射跃迁的增加，大多数无机荧光粉的发光强度通常随着温度的升高而降低。然而，有趣的是，在 $K_2NaScF_6:Mn^{4+}$ 红色荧光粉中，在 20~140K 的温度范围内观察到一种反常的温度依赖性发光行为，即无热猝灭效应。在 20~140K 的温度范围内，Mn^{4+} 的总发光强度随温度的升高几乎保持恒定。据文献报道，在 $Na_2WO_2F_4:Mn^{4+}$ 红粉[24]和 $Y_3Al_5O_{12}:Mn^{4+}$（YAG:Mn^{4+}）红粉[25]中也观察到类似的发光行为，这种异常的发光现象可以用 Mn^{4+} 掺杂的氟化物红色荧光粉对激发光的吸收会随着温度升高而增强来解释[26]。另外，进一步观察图 3.15（b）中 Mn^{4+} 发射的各个组成部分的变化趋势，可以看出最初的热猝灭消失现象主要归因于反斯托克斯跃迁的增强。当温度高于 140K 时，由于显著增强的非辐射跃迁，Mn^{4+} 的总发光强度呈现出下降的趋势。

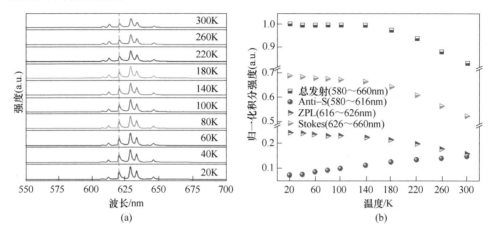

图 3.15 $K_2NaScF_6:Mn^{4+}$ 红色荧光粉在 468nm 激发下 20～300K 温度范围内的温度依赖性发射光谱（a）和总的 Mn^{4+} 发射积分发光强度、反斯托克斯边带模式、ZPL 和斯托克斯边带模式发射分别与温度的关系（b）

3.8.2 高温发光行为

图 3.16（a）给出了 $K_2NaScF_6:Mn^{4+}$ 红色荧光粉在 300～450K 温度范围内的温度依赖性发射光谱图，从图中可以看出，整个加热升温过程中没有出现明显的发射带偏移，但是随着温度的升高，发光强度逐渐下降。在图 3.16（b）中更清楚地显示了加热升温过程中相对发光强度的变化趋势，在 425K（152℃）时，$K_2NaScF_6:Mn^{4+}$ 荧光粉的发光强度仍然具有室温时的 82%。为了进一步研究高温下 K_2NaScF_6 基质中 Mn^{4+} 发光行为的动力学过程，对具有代表性温度（300K、350K、400K 和 450K）下的发射光谱进行了归一化，如图 3.16（c）所示。随着温度的升高，ZPL 的发射强度逐渐下降，而反斯托克斯声子边带的发射强度逐渐增强，这意味着在辐射跃迁过程中 ZPL 和反斯托克斯声子边带之间存在竞争关系[18]。随着温度的升高，受激发的电子倾向于向更高的振动能级填充，因此与 ZPL 相比，具有更高发射能量的反斯托克斯声子边带更可能在辐射过程中出现，这就是 ZPL 发射减弱、反斯托克斯声子边带发射增强的原因。另外，630nm 波长监控下，$K_2NaScF_6:Mn^{4+}$ 红色荧光粉的温度依赖性荧光衰减曲线如图 3.16（d）所示。所有荧光衰减曲线都很好地用双指数衰减模型拟合，见式（3.16）。随着

3.8 $K_2NaScF_6:Mn^{4+}$ 荧光粉的温度依赖性发光行为

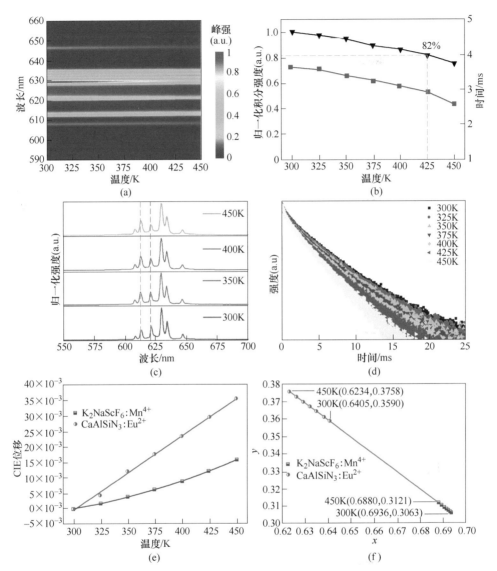

图 3.16 468nm 激发下 $K_2NaScF_6:Mn^{4+}$ 红色荧光粉的温度依赖发光性能

(a) 温度依赖性发射光谱；(b) 相应的积分发光强度和荧光衰减寿命；
(c) 归一化的发射光谱；(d) 荧光衰减曲线；(e) (f) 在 300~450K 温度范围内，$K_2NaScF_6:Mn^{4+}$
红粉和 $CaAlSiN_3:Eu^{2+}$ 红粉的 CIE 色度偏移量和 CIE 色坐标

温度的升高，由于非辐射跃迁的显著增强，$K_2NaScF_6:Mn^{4+}$ 红色荧光粉的发光衰减加快，其荧光寿命相应地从 3.65ms（300K）下降到 2.58ms（450K）。显然，发光强度和寿命的下降都是 $K_2NaScF_6:Mn^{4+}$ 红色荧光粉的正常热猝灭行为的表现。

除了研究 $K_2NaScF_6:Mn^{4+}$ 红色荧光粉的热猝灭行为外，还详细地研究了其变温条件下的色稳定性。$K_2NaScF_6:Mn^{4+}$ 红色荧光粉的色稳定性可以通过使用以下的色坐标偏移量（ΔE）来量化地描述[27]：

$$\Delta E = \sqrt{(u'_t - u'_0)^2 + (v'_t - v'_0)^2 + (w'_t - w'_0)^2} \qquad (3.21)$$

其中

$$u' = 4x/(3 - 2x + 12y), \quad v' = 9y/(3 - 2x + 12y), \quad w' = 1 - u' - v'$$

式中，u'，v' 为 $u'v'$ 均匀色空间中的色度坐标；x，y 为 CIE1931 色空间中的色度坐标；下角 0，t 分别代表 300K 和给定的温度。

如图 3.16（e）所示，随着温度的升高，所制备的 $K_2NaScF_6:Mn^{4+}$ 和商业化的 $CaAlSiN_3:Eu^{2+}$ 红色荧光粉的色坐标偏移量均逐渐增大，但是 $CaAlSiN_3:Eu^{2+}$ 红色荧光粉的色坐标偏移量增加得更快。在 450K（177℃）时，$CaAlSiN_3:Eu^{2+}$ 红色荧光粉的色坐标偏移量（ΔE）为 3.6×10^{-2}，是 $K_2NaScF_6:Mn^{4+}$ 红色荧光粉（$\Delta E = 1.6\times10^{-2}$）的两倍多。此外，图 3.16（f）详细显示了 $K_2NaScF_6:Mn^{4+}$ 和 $CaAlSiN_3:Eu^{2+}$ 红色荧光粉的温度依赖性 CIE 色坐标，从图中可以看出，随着温度从 300K 升高到 450K，$K_2NaScF_6:Mn^{4+}$ 的 CIE 色坐标从（0.6936，0.3063）移动到（0.6880，0.3121），其发光颜色仍处于红光区域。相比之下，$CaAlSiN_3:Eu^{2+}$ 的 CIE 色坐标从红光区域（0.6405，0.3590）偏移至橙光区域（0.6234，0.3758）。因此，$K_2NaScF_6:Mn^{4+}$ 红色荧光粉具有较好的颜色稳定性。

3.9 基于 $K_2NaScF_6:Mn^{4+}$ 荧光粉的 LED 封装器件的性能

为了评估所合成的 $K_2NaScF_6:Mn^{4+}$ 红色荧光粉用于液晶显示器（LCD）背光源的潜力，以 β-Sialon:Eu^{2+} 绿色荧光粉或 $Cs_4PbBr_6/CsPbBr_3$ 纳米复合材料作为绿光材料，以所合成的 $K_2NaScF_6:Mn^{4+}$ 红色荧光粉作为红光材料，以贴片式（SMD）InGaN 基蓝光芯片（约为 455nm，0.5W）作为蓝光发射器，三者结合制造显示用 LED 器件。将绿光材料、红光材料和环氧树脂按一定比例充分混合，其中 β-Sialon:Eu^{2+} 绿色荧光粉、$K_2NaScF_6:Mn^{4+}$ 红色荧光粉与环氧树脂的质量比为 1:4:10，而 $Cs_4PbBr_6/CsPbBr_3$ 纳米复合材料、$K_2NaScF_6:Mn^{4+}$ 红色荧光粉与环氧树脂的质量比例为 1:3:10；然后将胶粉混合物涂覆在 SMD 蓝光 LED 芯片上，再将其置于 150℃ 真空干燥箱中固化 1h，即得到显示用 LED 器件。将两个白光 LED 器件分别命名为 LED-1 和 LED-2。

图 3.17（a）显示了室温时在 20mA 的驱动电流下 LED-1 的电致发光光谱，

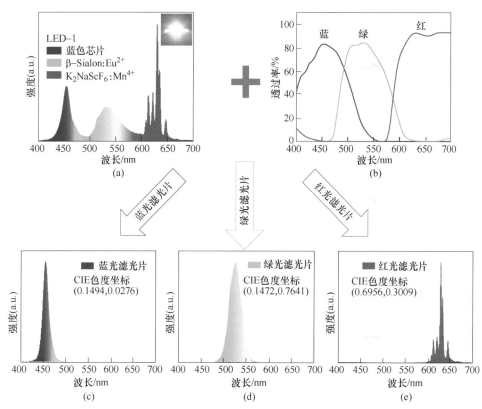

图 3.17 使用 $K_2NaScF_6:Mn^{4+}$ 与 β-Sialon:Eu^{2+} 封装的白光 LED 的发光性能

(a) LED-1 的电致发光光谱和发光照片；(b) 商用红、绿和蓝光滤光片的透射光谱；
(c)~(e) 分别是滤光后的相应电致发光光谱

其中的插图是 LED-1 工作时的发光照片，可以看到所制造的 LED-1 产生明亮的白光，其 CIE 色坐标为（0.3219，0.3356）、相关色温（CCT）为 5986K、流明效率（LE）为 67.65lm/W。此外，在 LED-1 中获得了具有明显光谱谷，且红绿蓝发射分离良好的光谱，这为 LCD 背光源提供了很好的适应性。为了评估 LED-1 的色域，使用商用红光（R）、绿光（G）和蓝光（B）滤光片对其电致发光光谱进行滤光（因为所显示对象的颜色是由背光源通过 LCD 的 R、G 和 B 滤光片的透射光控制[1]）。商业化 R、G、B 滤光片的透射光谱如图 3.17（b）所示，滤光后 B、G 和 R 的相应电致发光光谱分别如图 3.17（c）~（e）所示。基于 R、G、B 三基色的滤光光谱，LED-1 在 1931CIE 色坐标空间中具有特别高的色域，其色域值是美国国家电视标准委员会（NTSC）标准色域的 126.3% 和 4K 超高清电视 Rec.2020 标准色域的 94.3%，如图 3.18（a）所示。另外，在图 3.19 中给出了滤光前后 LED-2 的电致发光光谱以及商用 R、G、B 滤光片的透射光谱。从图中可以看出，除了更窄的绿光发射带之外，LED-2 在滤光前和滤光后的电致发光光

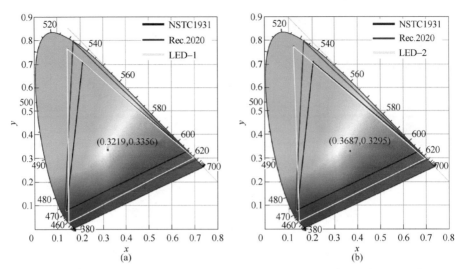

图 3.18 封装的白光 LED 器件 LED-1（a）和 LED-2（b）与美国国家电视标准委员会（NTSC）标准（黑色三角形）色域和 4K 超高清电视 Rec. 2020 标准（蓝色三角形）色域的对照图

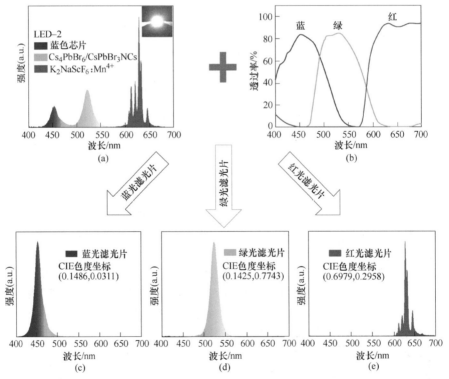

图 3.19 使用 $K_2NaScF_6:Mn^{4+}$ 与纳米复合材料封装的白光 LED 的发光性能

(a) LED-2 的电致发光光谱和发光照片；(b) 商用红、绿和蓝光滤光片的透射光谱；
(c)~(e) 分别是滤光后的相应电致发光光谱

谱特性都类似于 LED-1。LED-2 的流明效率（LE）为 56.29lm/W，CIE 色坐标为（0.3687，0.3295），相关色温（CCT）为 3959K。此外，经过计算，LED-2 的色域值分别为 NTSC 标准色域的 130.9%和 4K 超高清电视 Rec.2020 标准色域的 97.8%，如图 3.18（b）所示。LED-1 和 LED-2 都有超宽的色域，且优于之前文献报道的结果，见表 3.7，表明 $K_2NaScF_6:Mn^{4+}$ 红色荧光粉具有非常大的潜力作为有效红光补偿器应用于 LCD 背光源来扩宽色域和提高色彩质量。

表 3.7 用于液晶显示背光源（LCD）的白光 LED 器件的光电参数

荧光粉		相光色温 /K	流明效率 /lm·W^{-1}	CIE1931 色度图上的色域/%		参考文献
绿	红			NSTC	Rec. 2020	
CCFL				75.0		[28]
RGB LED				105.0		[28]
β-Sialon:Eu^{2+}	CaAlSiN$_3$:Eu^{2+}	8620	38 (20mA)	82.1		[1]
YAG:Ce^{3+}		8000	105(60mA)	67.9		[28]
YAG:Ce^{3+}		4950	59	68.3		[1]
β-Sialon:Eu^{2+}	K$_2$SiF$_6$:Mn^{4+}	8611	94 (120mA)	85.9		[29]
CsPbBr$_3$	K$_2$SiF$_6$:Mn^{4+}			102.0		[30]
β-Sialon:Eu^{2+}	K$_2$NbF$_7$:Mn^{4+}	11338	94.68 (120mA)	86.7		[31]
CsPbBr$_3$ QDs	Na$_2$WO$_2$F$_4$:Mn^{4+}	12123		107.1		[24]
β-Sialon:Eu^{2+}	K$_2$NaScF$_6$:Mn^{4+}	5986	67.65 (20mA)	126.3	94.3	
Cs$_4$PbBr$_6$/CsPbBr$_3$ NCs	K$_2$NaScF$_6$:Mn^{4+}	3959	56.29 (20mA)	130.9	97.8	

3.10 结论与展望

在本章中，通过两步共沉淀法合成了 $K_2NaScF_6:Mn^{4+}$ 红色荧光粉，对其晶体结构、电子结构、形貌、元素组成和发光特性进行了全面的研究。此外，对反应物原料摩尔比和 Mn^{4+} 掺杂浓度对该荧光粉产率和发光性能的影响进行了系统的研究，探讨了合成反应机理，验证了其在背光源显示用 LED 器件中的实际使用性能。得出的结论如下：

（1）Mn^{4+} 掺杂并未改变 K_2NaScF_6 的晶体结构，$K_2NaScF_6:Mn^{4+}$ 红粉晶体结构与 $K_3ScF_6:Mn^{4+}$ 红粉一样为立方结构，空间群为 $Fm\bar{3}m$，Mn^{4+} 占据 Sc^{3+} 晶格位点位于高度扭曲的 [ScF_6] 八面体中心，且 Mn^{4+} 的掺杂会引起少量的碱金属阳离子空位缺陷，并造成晶格萎缩。与 K_3ScF_6 相比，K_2NaScF_6 拥有更宽的能带隙（约为 6.46eV），为容纳 Mn^{4+} 能级提供了足够的空间。Mn^{4+} 在 K_2NaScF_6 晶格中受到了强晶体场强度和微弱的电子云重排效应的影响。

（2）所制备的 $K_2NaScF_6:Mn^{4+}$ 红色荧光粉具有分散性良好、粒径均一、表面光滑的微米球形貌；而且，其尺寸分布非常狭窄，平均尺寸约为 1.17 μm。这些结果表明 $K_2NaScF_6:Mn^{4+}$ 红粉无需额外的后处理工艺（例如破碎、筛选过程），这样可以大大减少制备成本。

（3）通过增加 KHF_2 的反应量，$K_2NaScF_6:Mn^{4+}$ 红色荧光粉的产率不断提高，直至接近其理论产量 100%。反应机理研究表明过量的 KHF_2 和 K_2NaScF_6 基质的低溶解度是 $K_2NaScF_6:Mn^{4+}$ 红粉高产率的关键。此外，KHF_2 的反应量对 $K_2NaScF_6:Mn^{4+}$ 红色荧光粉的发光强度也有所影响，适当增加进入反应体系的 KHF_2 量可以提高 $K_2NaScF_6:Mn^{4+}$ 荧光粉中 Mn^{4+} 的实际掺杂量，进而增强其发光性能。然而，随着 KHF_2 量进一步增加，溶液中过量的 K^+ 严重加剧荧光粉体系的电荷失衡，导致 Mn^{4+} 的实际掺杂量趋于逐渐减少，发光减弱。

（4）在蓝光激发下，$K_2NaScF_6:Mn^{4+}$ 红粉展现出具有强烈零声子线（ZPL）发射的窄带红色荧光，最强峰位于 630nm，量子效率为 70.3%。Mn^{4+} 的最佳掺杂量（摩尔分数）为 1.94%，而且其 ZPL 强度可通过调节 Mn^{4+} 掺杂量实现调控。$K_2NaScF_6:Mn^{4+}$ 红粉在低温 20~140K 范围内显现出反常的发光行为，其发光强度随温度的升高几乎保持恒定。在高温下，$K_2NaScF_6:Mn^{4+}$ 红粉显现出小的热猝灭行为，在 425K 时，其发光强度仍然有最初的 82%。同时，$K_2NaScF_6:Mn^{4+}$ 红色荧光粉在高温下展现出优异的色稳定性。

（5）使用所合成的 $K_2NaScF_6:Mn^{4+}$ 红色荧光粉作为红光发射材料，β-Sialon:Eu^{2+} 绿色荧光粉或 $Cs_4PbBr_6/CsPbBr_3$ 纳米复合材料作为绿光发射材料，结合商用 SMD InGaN 蓝光发射 LED 芯片（约为 455nm）成功得到了两个具有超宽色域的显示用白光 LED 器件，其中 LED-1:126.3%的 NTSC 色域值和 94.3%的 Rec. 2020 色域值；LED-2:130.9%的 NTSC 色域值和 97.8%的 Rec. 2020 色域值。

$K_2AScF_6:Mn^{4+}$（A=K，Na）稀土氟化物系列红色荧光粉是 Mn^{4+} 激活氟化物红粉的一个新体系，由于研究时间有限，仍然还有许多地方值得深入研究。K_2AScF_6 稀土氟化物属于双钙钛矿型 $B_2AA'(\mathrm{III})F_6$ 结构，其 A 位和 B 位阳离子组分可以多样化，空间结构稳定性可调。后续研究可以通过改变 A 位和 B 位阳离子的组成调节结构骨架稳定性，探究 Mn^{4+} 掺杂氟化物红色荧光粉的形貌、ZPL 发射、发光特性及耐候性（热稳定性和耐湿性）与基质空间结构的构效关系。

参 考 文 献

[1] Xie R J, Hirosaki N, Takeda T. Wide color gamut backlight for liquid crystal displays using three-band phosphor-converted white light-emitting diodes [J]. Applied Physics Express, 2009, 2 (2): 022401.

[2] Fukuda Y, Matsuda N, Okada A, et al. White light-emitting diodes for wide-color-gamut back-

light using green-emitting Sr-Sialon phosphor [J]. Japanese Journal of Applied Physics, 2012, 51 (12R): 122101.

[3] Xia Z G, Liu Q L. Progress in discovery and structural design of color conversion phosphors for LEDs [J]. Progress in Materials Science, 2016, 84: 59~117.

[4] Larson A C, Von Dreele R B. General Structure Analysis System (GSAS) [M]. LANSCE, MS-H805, Los Alamos National Laboratory, New Mexico, 1994: LAUR 86~748.

[5] Kresse G, Joubert D. From ultrasoft pseudopotentials to the projector augmented-wave method [J]. Physical Review B, 1999, 59 (3): 1758.

[6] Perdew J P, Burke K, Ernzerhof M. Generalized gradient approximation made simple [J]. Physical review letters, 1996, 77 (18): 3865.

[7] Monkhorst H J, Pack J D. Special points for Brillouin-zone integrations [J]. Physical Review B, 1976, 13 (12): 5188.

[8] Kubelka P. Ein Beitrag zur Optik der Farbanstriche (Contribution to the optic of paint) [J]. Zeitschrift fur technische Physik, 1931, 12: 593~601.

[9] Tauc J, Grigorovici R, Vancu A. Optical properties and electronic structure of amorphous germanium [J]. physica status solidi (b), 1966, 15 (2): 627~637.

[10] Jiang C, Brik M G, Li L, et al. The electronic and optical properties of a narrow-band red-emitting nanophosphor $K_2NaGaF_6:Mn^{4+}$ for warm white light-emitting diodes [J]. Journal of Materials Chemistry C, 2018, 6 (12): 3016~3025.

[11] Brik M G, Camardello S J, Srivastava A M, et al. Spin-forbidden transitions in the spectra of transition metal ions and nephelauxetic effect [J]. ECS Journal of Solid State Science and Technology, 2015, 5 (1): R3067~R3077.

[12] Brik M G, Camardello S J, Srivastava A M. Influence of covalency on the Mn^{4+} $^2E_g \to {^4A_{2g}}$ emission energy in crystals [J]. ECS Journal of Solid State Science and Technology, 2014, 4 (3): R39~R43.

[13] Frayret J, Castetbon A, Trouve G, et al. Solubility of $(NH_4)_2SiF_6$, K_2SiF_6 and Na_2SiF_6 in acidic solutions [J]. Chemical Physics Letters, 2006, 427 (4-6): 356~364.

[14] Wang L Y, Song E H, Deng T T, et al. Luminescence properties and warm white LED application of a ternary-alkaline fluoride red phosphor $K_2NaAlF_6:Mn^{4+}$ [J]. Dalton Transactions, 2017, 46 (30): 9925~9933.

[15] Cheng H, Song Y, Liu G, et al. Hydrothermal synthesis of narrow-band red emitting $K_2NaAlF_6:Mn^{4+}$ phosphor for warm-white LED applications [J]. RSC Advances, 2017, 7 (72): 45834~45842.

[16] Hu T, Lin H, Lin F, et al. Narrow-band red-emitting $KZnF_3:Mn^{4+}$ fluoroperovskites: insights into electronic/vibronic transition and thermal quenching behavior [J]. Journal of Materials Chemistry C, 2018, 6 (40): 10845~10854.

[17] Liao C, Cao R, Ma Z, et al. Synthesis of $K_2SiF_6:Mn^{4+}$ phosphor from SiO_2 powders via redox reaction in $HF/KMnO_4$ solution and their application in warm-white LED [J]. Journal of the A-

[18] Yamada S, Emoto H, Ibukiyama M, et al. Properties of Sialon powder phosphors for white LEDs [J]. Journal of the European Ceramic Society, 2012, 32 (7): 1355~1358.

[19] Jansen T, Baur F, Jüstel T. Red emitting $K_2NbF_7:Mn^{4+}$ and $K_2TaF_7:Mn^{4+}$ for warm-white LED applications [J]. Journal of Luminescence, 2017, 192: 644~652.

[20] Zhu M M, Pan Y X, Xi L Q, et al. Design, preparation, and optimized luminescence of a dodec-fluoride phosphor $Li_3Na_3Al_2F_{12}:Mn^{4+}$ for warm WLED applications [J]. Journal of Materials Chemistry C, 2017, 5 (39): 10241~10250.

[21] Xi L, Pan Y, Zhu M, et al. Abnormal site occupancy and high performance in warm WLEDs of a novel red phosphor, $NaHF_2:Mn^{4+}$, synthesized at room temperature [J]. Dalton Transactions, 2017, 46 (40): 13835~13844.

[22] Dexter D L. A theory of sensitized luminescence in solids [J]. The Journal of Chemical Physics, 1953, 21 (5): 836~850.

[23] Cai P, Qin L, Chen C, et al. Luminescence, energy transfer and optical thermometry of a novel narrow red emitting phosphor: $Cs_2WO_2F_4:Mn^{4+}$ [J]. Dalton Transactions, 2017, 46 (41): 14331~14340.

[24] Hu T, Lin H, Cheng Y, et al. A highly-distorted octahedron with a C_{2v} group symmetry inducing an ultra-intense zero phonon line in Mn^{4+}-activated oxyfluoride $Na_2WO_2F_4$ [J]. Journal of Materials Chemistry C, 2017, 5 (40): 10524~10532.

[25] Riseberg L, Weber M. Spectrum and anomalous temperature dependence of the $^2E \rightarrow {}^4A_2$ emission of $Y_3Al_5O_{12}:Mn^{4+}$ [J]. Solid State Communications, 1971, 9 (11): 791~794.

[26] Zhu H, Lin C C, Luo W, et al. Highly efficient non-rare-earth red emitting phosphor for warm white light-emitting diodes [J]. Nature Communications, 2014, 5: 4312.

[27] Zhu Y, Cao L, Brik M G, et al. Facile synthesis, morphology and photoluminescence of a novel red fluoride nanophosphor $K_2NaAlF_6:Mn^{4+}$ [J]. Journal of Materials Chemistry C, 2017, 5 (26): 6420~6426.

[28] Oh J H, Kang H, Ko M, et al. Analysis of wide color gamut of green/red bilayered freestanding phosphor film-capped white LEDs for LCD backlight [J]. Optics Express, 2015, 23 (15): A791~A804.

[29] Wang L, Wang X, Kohsei T, et al. Highly efficient narrow-band green and red phosphors enabling wider color-gamut LED backlight for more brilliant displays [J]. Optics Express, 2015, 23 (22): 28707~28717.

[30] Zhang X, Wang H C, Tang A C, et al. Robust and stable narrow-band green emitter: An option for advanced wide-color-gamut backlight display [J]. Chemistry of Materials, 2016, 28 (23): 8493~8497.

[31] Lin H, Hu T, Huang Q, et al. Non-rare-earth $K_2XF_7:Mn^{4+}$ (X = Ta, Nb): A highly-efficient narrow-band red phosphor enabling the application in wide-color-gamut LCD [J]. Laser & Photonics Reviews, 2017, 11 (6): 1700148.

4 单一相 Cs_2MnF_6 红色荧光粉的制备和发光性能研究

到目前为止，人们一直致力于开发更高效的红色发光材料。一些具有优异性能的氮化红色荧光粉，如 $(Ba,Sr)_2Si_5N_8:Eu^{2+}$ 或 $(Ca,Sr)AlSiN_3:Eu^{2+}$ 相继出现[1~4]。但是，高温高压等苛刻的合成条件及昂贵的原料和设备使得该系列荧光粉的生产成本极高，发射带较宽导致其在配合其他荧光粉使用时重吸收现象严重，种种原因限制了 Eu^{2+} 激活的氮化物荧光粉在室内照明和液晶显示器（LCD）背光等领域的应用[5]。Mn^{4+} 激活的氟化物荧光粉因其原料廉价易得、易于合成和出色的发光性能而引起了研究人员的极大兴趣。Mn^{4+} 掺杂的氟化物荧光粉在 600~650nm 表现出窄带红光发射，其良好的热稳定性和较高的发光效率在改善 WLED 的光学性能方面表现出巨大的潜力[6]。虽然已经有大量的氟化物红色荧光粉的报道，但与 $YAG:Ce^{3+}$ 荧光粉相比，氟化物红色荧光粉的外量子效率（EQE）仍然处于较低的水平。由于浓度猝灭现象的存在，氟化物基质中的 Mn^{4+} 浓度低是必然的，这也会导致非常低的吸收效率（AE），进而导致低的外量子效率（EQE），尽管氟化物荧光粉的内量子效率（IQE）已达到很高的水平（超过 90%）。此外，通过固溶掺杂调整氟化物荧光粉的晶体环境，改善 Mn^{4+} 激活的氟化物荧光粉的发光强度和热稳定性也是目前新的研究方向。

2010 年，Adachi 和同事在合成粉红色 $K_2MnF_5 \cdot H_2O$ 的过程中发现了发红光的 K_2MnF_6 颗粒[7]。到目前为止，这种类型的荧光粉在 WLED 中的应用还未见报道。本章通过共沉淀法合成了 Cs_2MnF_6 红色荧光粉，锰元素既是基质也是发光中心，探究 Cs_2MnF_6 红色荧光粉的物相、晶体结构及发光机理。通过固溶掺杂合成一系列 $Cs_2MnF_6:Sc^{3+}$ 和 $Cs_2MnF_6:Si^{4+}$ 红色荧光粉，研究固溶掺杂对 Cs_2MnF_6 的物相、形貌的影响；通过 Rietveld 结构精修研究了 Sc^{3+} 和 Si^{4+} 掺杂带来的晶体结构变化；探究 Sc^{3+} 和 Si^{4+} 掺杂对 Cs_2MnF_6 的发光性能、热稳定性的影响。最后，将 $Cs_2MnF_6:5\%Si^{4+}$ 荧光粉作为红光成分，配合 $YAG:Ce^{3+}$ 黄粉和 β-Sialon:Eu^{2+} 绿粉分别封装在 InGaN 蓝光芯片上，探究其在照明和显示用 WLED 中的应用价值。

4.1 荧光粉制备

4.1.1 K_2MnF_6 制备

在共沉淀法中，K_2MnF_6 常被用于当作锰源，而 K_2MnF_6 的合成则是根据 Bode 提供的方法[8]。如图 4.1 所示，首先，在电子天平上准确称量 45.0g KHF_2，将其加入 150mL 浓度（质量分数）为 40% 的 HF 溶液中，剧烈搅拌到溶液变为透明，然后将 2.25g $KMnO_4$ 溶解在上述透明溶液中；当 $KMnO_4$ 完全溶解，溶液变为深紫色时继续搅拌 30min，缓慢在上述混合溶液中滴入 2mL H_2O_2，随着不断搅拌在容器底部得到黄色 K_2MnF_6 沉淀，将含有 K_2MnF_6 黄色沉淀的溶液转移到离心管中 2000r/min 离心 3min，最后用酒精洗涤两次，真空干燥箱 70℃ 烘干后在玛瑙研钵中研磨即得 K_2MnF_6 前驱体。

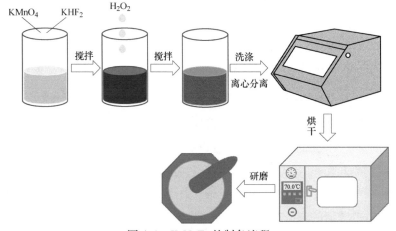

图 4.1 K_2MnF_6 的制备流程

4.1.2 共沉淀法制备 Cs_2MnF_6

如图 4.2 所示，将 0.9885g K_2MnF_6 溶解在 5mL HF 溶液中。在室温下搅拌 10min 后，将 4.8608g CsF 粉末缓慢地添加到溶液中。继续搅拌 1h 以获得黄色的 Cs_2MnF_6 沉淀。然后，将沉淀物转移到离心管中离心分离，再用冰醋酸洗涤三次、无水乙醇洗涤两次，并在真空干燥箱中 70℃ 下干燥 4h，研磨即得 Cs_2MnF_6 荧光粉。$Cs_2MnF_6:Sc^{3+}$ 和 $Cs_2MnF_6:Si^{4+}$ 的合成：首先将 3.0432g Cs_2MnF_6 添加到 10mL HF 中，在冰浴条件下剧烈搅拌，然后将不同量的 Sc_2O_3 或 K_2SiF_6 加入上述溶液中，搅拌 60min 后，将获得的黄色沉淀转移到离心管中离心分离，然后用冰醋酸和无水乙醇洗涤，70℃ 真空箱中干燥，研磨即得 $Cs_2MnF_6:Sc^{3+}$ 和 $Cs_2MnF_6:Si^{4+}$ 荧光粉。

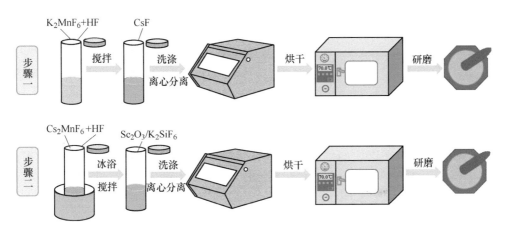

图 4.2 Cs_2MnF_6、$Cs_2MnF_6:Sc^{3+}$ 和 $Cs_2MnF_6:Si^{4+}$ 的制备流程

4.2 Cs_2MnF_6 荧光粉的物相与结构

如图 4.3（a）所示，样品的所有 XRD 衍射峰均与 Cs_2MnF_6 标准卡片

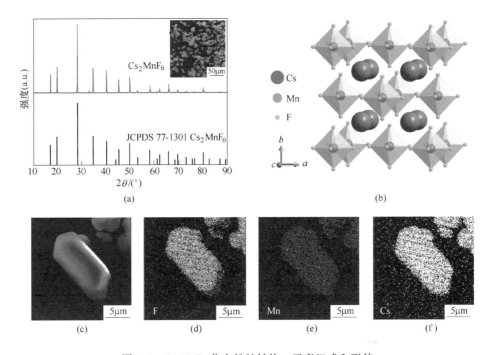

图 4.3 Cs_2MnF_6 荧光粉的结构、元素组成和形貌

（a）XRD 衍射图谱（插图为 Cs_2MnF_6 荧光粉的 SEM 图）；（b）晶体结构图；（c）~（f）EDS 能谱图

(JCPDS 77-1301) 相匹配，晶体结构为立方相没有任何额外的衍射峰，这说明合成的 Cs_2MnF_6 荧光粉为纯相。同时 Cs_2MnF_6 的衍射峰为窄而锐的尖峰，表明样品的结晶性能较好。图 4.3 (a) 中的插图为 Cs_2MnF_6 的 SEM 图，从图中可以看出 Cs_2MnF_6 样品的颗粒大小在 10 μm 左右，但是形貌并不十分规则。Cs_2MnF_6 的晶体结构示意图如图 4.3 (b) 所示，Cs_2MnF_6 样品的晶胞由 [MnF_6] 正八面体和 [CsF_{12}] 十四面体组成，Mn^{4+} 都位于 [MnF_6] 八面体的中心，而 Cs^+ 则位于 [CsF_{12}] 十四面体的中心。图 4.3 (c) ~ (f) 显示了 Cs_2MnF_6 样品的 EDS 能谱图，选取了 SEM 图谱中的样品颗粒进行了能谱测试，可以看到氟 (F) 元素、锰 (Mn) 元素和铯 (Cs) 元素的分布比较均匀。

4.3 Cs_2MnF_6 荧光粉光谱特性

图 4.4 (a) 为 Cs_2MnF_6 荧光粉的激发和发射光谱，从图中可以看出，在 635nm 波长监测下，激发光谱在 368nm 和 468nm 处可以观察到两个明显的宽的激发带，分别对应于 Mn^{4+} 的自旋允许的 $^4A_{2g} \rightarrow {}^4T_{1g}$ 和 $^4A_{2g} \rightarrow {}^4T_{2g}$ 跃迁[9]。282nm 处的激发峰是由于 F^- 和 Mn^{4+} 之间的电荷转移带 (CTB) 造成的[10,11]。与 282nm 和 368nm 处的激发带相比，以 468nm 为中心的激发带强度更高同时半高宽也更宽，这说明 Cs_2MnF_6 荧光粉可以有效地被蓝光芯片激发，所以将 Cs_2MnF_6 荧光粉作为 WLED 中的红光补偿成分能够有效降低色温提升显色指数。在 468nm 蓝光激发下，Cs_2MnF_6 荧光粉呈现出一系列窄的红光发射线，最强峰位于 635nm 处。其激发和发射光谱的位置和形状与其他已报道的 Mn^{4+} 激活的氟化物红色荧光粉基本一致，表现出 Mn^{4+} 的特征光谱。如图 4.4 (b) 所示，位于 620nm 左侧的三个发

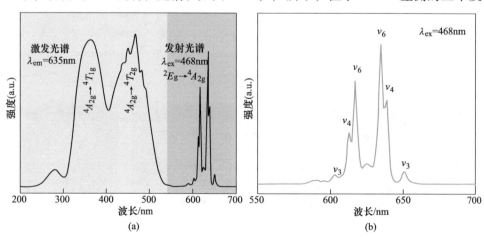

图 4.4 Cs_2MnF_6 荧光粉的激发和发射性质
(a) 激发和发射光谱 (λ_{em} = 635nm, λ_{ex} = 468nm); (b) 发射光谱对应的振动模式

射峰对应于 $\nu_3(t_{1u})$、$\nu_4(t_{1u})$ 和 $\nu_6(t_{2u})$ 的反斯托克斯振动模式,而位于 628nm 右侧的三个发射峰对应于 $\nu_6(t_{2u})$、$\nu_4(t_{1u})$ 和 $\nu_3(t_{1u})$ 的斯托克斯振动模式,位于 625nm 的发射峰则是零声子线(ZPL)发射[10],它们都是由 Mn^{4+} 自旋和宇称双重禁戒的 $^2E_g \rightarrow {}^4A_{2g}$ 跃迁因电子和声子耦合作用而部分解禁而导致的。Mn^{4+} 所在的八面体的对称性降低将使宇称禁戒定则放宽,然后导致强烈的零声子线发射[12,13]。但是在本章中,由于 Cs_2MnF_6 晶体拥有良好的晶体对称性,在 $^2E_g \rightarrow {}^4A_{2g}$ 跃迁中振动模式发光占主导地位,零声子线发射极弱。

4.4 $Cs_2MnF_6:Sc^{3+}$ 和 $Cs_2MnF_6:Si^{4+}$ 荧光粉的物相、形貌及晶体结构

为了探究 Sc^{3+} 和 Si^{4+} 掺杂对 Cs_2MnF_6 荧光粉的物相组成和晶体结构的影响,在室温下合成了一系列 Sc^{3+} 和 Si^{4+} 固溶掺杂的 Cs_2MnF_6 荧光粉,图 4.5(a)

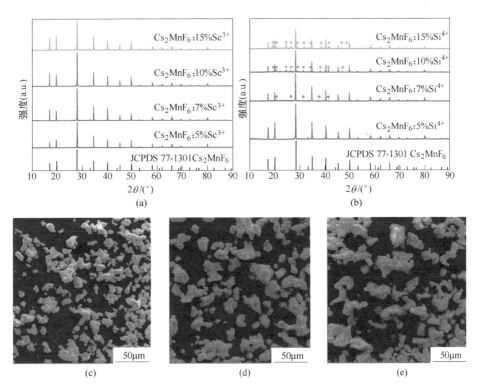

图 4.5 Cs_2MnF_6、$Cs_2MnF_6:Sc^{3+}$ 和 $Cs_2MnF_6:Si^{4+}$ 荧光粉的物相和形貌
(a) $Cs_2MnF_6:Sc^{3+}$ 的 XRD 图谱;(b) $Cs_2MnF_6:Si^{4+}$ 的 XRD 图谱;
(c) ~ (e) Cs_2MnF_6、$Cs_2MnF_6:5\%Sc^{3+}$ 和 $Cs_2MnF_6:5\%Si^{4+}$ 的 SEM 图

和（b）分别为 $Cs_2MnF_6:Sc^{3+}$ 和 $Cs_2MnF_6:Si^{4+}$ 荧光粉的 XRD 图谱，当 Sc^{3+} 的掺杂浓度（摩尔分数）为 5%~15%时，样品的衍射峰与 Cs_2MnF_6 标准卡片相对应，没有其他多余的杂峰出现，表明 Sc^{3+} 的掺杂没有明显改变 Cs_2MnF_6 的晶体结构。而 Si^{4+} 掺杂超过 5%时，其 XRD 图谱出现杂峰，图中用"＊"号标出。相比于 Cs_2MnF_6 荧光粉，$Cs_2MnF_6:5\%Sc^{3+}$ 和 $Cs_2MnF_6:5\%Si^{4+}$ 的荧光粉颗粒尺寸明显增大，如图 4.5（c）~（e）所示。

为了进一步探讨 Sc^{3+} 和 Si^{4+} 的掺杂对 Cs_2MnF_6 晶体结构的细微影响，利用 GSAS 软件进行了 XRD 精修。将 Cs_2MnF_6 标准卡片的晶体结构（JCPDS 77-1301）作为精修的起始模型，Cs_2MnF_6、$Cs_2MnF_6:5\%Sc^{3+}$、$Cs_2MnF_6:5\%Si^{4+}$ 的精修结果如图 4.6 所示。样品的精修结果与 XRD 实验数据吻合良好，证明了所有样品均为相纯。此外，Cs_2MnF_6（$R_{wp}=7.95\%$，$R_p=5.84\%$，$\chi^2=1.420$），$Cs_2MnF_6:5\%Sc^{3+}$（$R_{wp}=7.28\%$，$R_p=5.43\%$，$\chi^2=1.062$）和 $Cs_2MnF_6:5\%Si^{4+}$（$R_{wp}=7.51\%$，$R_p=5.53\%$，$\chi^2=1.222$）的精修参数表明了精修数据的高可靠性。表 4.1 罗列了精修得到的晶体学数据。Cs_2MnF_6 的晶格常数和晶胞体积（$a=b=c=0.8960(8)$ nm 和 $V_{cell}=0.71952(3)$ nm^3）介于 $Cs_2MnF_6:5\%Sc^{3+}$（$a=b=c=0.8962(7)$ nm 和 $V_{cell}=0.71999(7)$ nm^3）和 $Cs_2MnF_6:5\%Si^{4+}$（$a=b=c=0.8960(6)$ nm 和 $V_{cell}=0.71948(5)$ nm^3）之间。这可能是由于 Mn^{4+} 的离子半径（0.053nm，CN=6）介于 Sc^{3+}（0.075nm，CN=6）和 Si^{4+}（0.040nm，CN=6）之间，用离子半径较大的 Sc^{3+} 替换 Mn^{4+} 晶胞体积变得更大，而用离子半径较小的 Si^{4+} 替换 Mn^{4+} 晶胞体积相应减小。这也进一步表明，在 Cs_2MnF_6 基质中，Mn^{4+} 被 Sc^{3+} 或 Si^{4+} 成功替代。

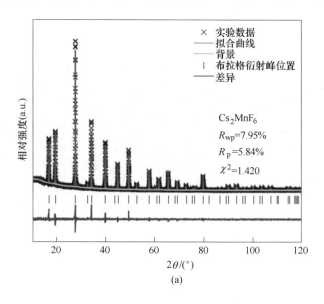

(a)

4.4 $Cs_2MnF_6:Sc^{3+}$ 和 $Cs_2MnF_6:Si^{4+}$ 荧光粉的物相、形貌及晶体结构

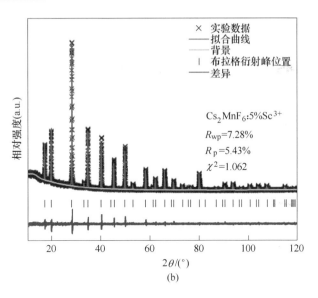

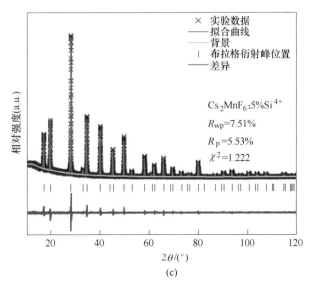

图 4.6 Cs_2MnF_6 和 Sc^{3+} 和 Si^{4+} 反掺荧光粉的 Rietveld 精修 XRD 图谱

(a) Cs_2MnF_6；(b) $Cs_2MnF_6:5\%Sc^{3+}$；(c) $Cs_2MnF_6:5\%Si^{4+}$

表 4.1 Cs_2MnF_6、$Cs_2MnF_6:5\%Sc^{3+}$、$Cs_2MnF_6:5\%Si^{4+}$ 的 XRD Rietveld 结构精修的晶体结构参数

分子式	Cs_2MnF_6	$Cs_2MnF_6:5\%Sc^{3+}$	$Cs_2MnF_6:5\%Si^{4+}$
晶系	立方	立方	立方
空间群	$Fm3m$	$Fm3m$	$Fm3m$

续表 4.1

分子式	Cs_2MnF_6	$Cs_2MnF_6:5\%Sc^{3+}$	$Cs_2MnF_6:5\%Si^{4+}$
$a=b=c$/nm	0.8960(8)	0.8962(7)	0.8960(6)
V_{cell}/nm^3	0.71952(3)	0.71999(7)	0.71948(5)
Z	4	4	4
R_{wp}/%	7.95	7.28	7.51
R_p/%	5.84	5.43	5.53
χ^2	1.420	1.062	1.222

4.5 $Cs_2MnF_6:5\%Sc^{3+}$ 和 $Cs_2MnF_6:5\%Si^{4+}$ 的光致发光性能

图 4.7（a）和（b）分别为 $Cs_2MnF_6:5\%Sc^{3+}$ 和 $Cs_2MnF_6:5\%Si^{4+}$ 的发射光谱，随着 Sc^{3+} 和 Si^{4+} 浓度的增加，$Cs_2MnF_6:5\%Sc^{3+}$ 和 $Cs_2MnF_6:5\%Si^{4+}$ 的发射光谱的峰位并没有发生位移，谱型也没有发生变化，但是 Sc^{3+} 和 Si^{4+} 的掺杂显著地提升了 Cs_2MnF_6 荧光粉的发光强度。当 Sc^{3+} 和 Si^{4+} 的浓度（摩尔分数）分别为 10% 和 5% 时，$Cs_2MnF_6:10\%Sc^{3+}$ 和 $Cs_2MnF_6:5\%Si^{4+}$ 的发射光谱的积分强度分别为 Cs_2MnF_6 荧光粉强度的 253% 和 232%。同时，当 Sc^{3+} 掺杂浓度增加时，$Cs_2MnF_6:Sc^{3+}$ 荧光粉的发光强度逐渐增大，当 Sc^{3+} 的掺杂量超过 10% 时发射强度逐渐减小。而 $Cs_2MnF_6:5\%Si^{4+}$ 荧光粉的发光强度则是在 Si^{4+} 的掺杂量为 5% 时达到最强。通常荧光粉基质的亚晶格可通过形成等结构固溶体基质得到适当修饰，这会使荧光粉的激活剂离子的局部环境发生变化，从而有效地提高荧光粉的光致发光特性[14~17]。由于在 Cs_2MnF_6 中掺杂 Sc^{3+} 和 Si^{4+} 会形成同构固溶体基质，因此，可以有效增强其发射强度。然而，由于 Sc^{3+} 取代 Mn^{4+} 是一种不等价的取代，这种取代将不可避免地导致 Cs_2MnF_6 荧光粉产生电荷补偿的结构缺陷，从而可能导致荧光猝灭。因此，相同掺杂浓度下，$Cs_2MnF_6:Sc^{3+}$ 荧光粉的发光强度低于 $Cs_2MnF_6:Si^{4+}$ 荧光粉。另外，随着 Sc^{3+} 掺杂量从 5% 增加到 15%，缺陷逐渐增多，也可能导致 $Cs_2MnF_6:Sc^{3+}$ 荧光粉发光强度降低，而 $Cs_2MnF_6:Si^{4+}$ 荧光粉的发光强度降低则可能是由于杂质相增多导致的。由于浓度猝灭的原因，氟化物荧光粉中的 Mn^{4+} 掺杂量较低，这导致了较低的吸收效率（AE），进而导致外量子效率（EQE）低。而 Cs_2MnF_6 荧光粉中锰元素既是基质成分，也是发光中心，展现出了超高的 AE 值（84%~88%）。表 4.2 列出了一些已报道的 Mn^{4+} 激活的氟化物荧光粉的 AE、内量子效率（IQE）和 EQE 值，Cs_2MnF_6 荧光粉由于较高的 AE 值，在 IQE 较低的情况下仍能实现相对较高的 EQE，这为合成高 EQE 的氟化物红粉提供了另外的思路和借鉴。

4.5　$Cs_2MnF_6:5\%Sc^{3+}$ 和 $Cs_2MnF_6:5\%Si^{4+}$ 的光致发光性能

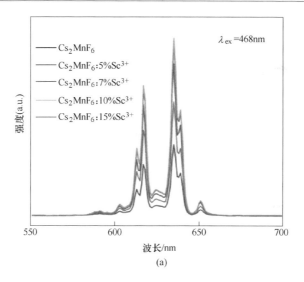

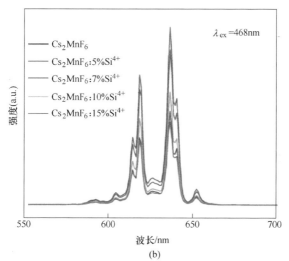

图 4.7　Sc^{3+} 和 Si^{4+} 反掺荧光粉的光致发光光谱

(a) $Cs_2MnF_6:xSc^{3+}$($x=5\%$、7%、10% 和 15%); (b) $Cs_2MnF_6:xSi^{4+}$($x=5\%$、7%、10% 和 15%)

表 4.2　一些氟化荧光粉的 IQE、AE 和 EQE 值

荧光粉	IQE/%	AE/%	EQE/%	参考文献
$K_2SiF_6:Mn^{4+}$	42	25	10.5	[18]
$K_2TiF_6:Mn^{4+}$	93	54	50	[19]
$KNaSiF_6:Mn^{4+}$	90	46	41	[20]
$ZnTiF_6 \cdot 6H_2O:Mn^{4+}$	26	23	6	[21]
$K_3AlF_6:Mn^{4+}$	88	58	51	[22]

续表 4.2

荧光粉	IQE/%	AE/%	EQE/%	参考文献
$Rb_2NbOF_5:Mn^{4+}$	68	28	19	[23]
Cs_2MnF_6	30	84	25.2	本书
$Cs_2MnF_6:Sc^{3+}$	47.6	88	41.9	本书
$Cs_2MnF_6:Si^{4+}$	54.9	88	48.3	本书

4.6 固溶掺杂对 Cs_2MnF_6 荧光粉的热稳定性和荧光寿命的影响

热稳定性是评估荧光粉实际应用的重要参数。图 4.8 为 Cs_2MnF_6、Cs_2MnF_6:5%Sc^{3+} 和 Cs_2MnF_6:5%Si^{4+} 荧光粉在 468nm 蓝光激发下的温度依赖光谱。在 25～200℃ 温度范围内，Cs_2MnF_6、Cs_2MnF_6:5%Sc^{3+} 和 Cs_2MnF_6:5%Si^{4+} 红色荧光粉显示出了良好的热稳定性。随着温度的升高发射光谱的峰位没有明显偏移，谱

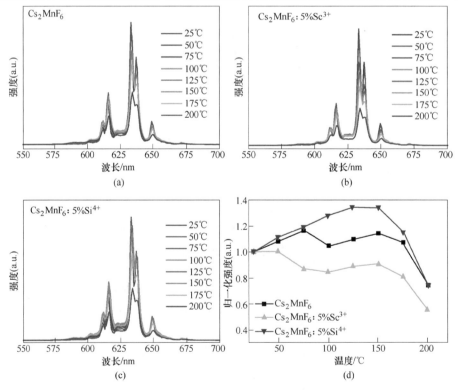

图 4.8 Cs_2MnF_6 和 Sc^{3+} 和 Si^{4+} 反掺荧光粉的变温发光性质

(a)～(c) Cs_2MnF_6、Cs_2MnF_6:5%Sc^{3+} 和 Cs_2MnF_6:5%Si^{4+} 的变温光谱；(d) 积分强度和温度关系图

型基本一致。当温度上升到175℃时，由于非辐射跃迁过程的增加，Cs_2MnF_6、$Cs_2MnF_6:5\%Sc^{3+}$和$Cs_2MnF_6:5\%Si^{4+}$荧光粉的发光强度呈明显的下降趋势。积分强度与温度的关系如图4.8（d）所示，当温度达到175℃时，Cs_2MnF_6和$Cs_2MnF_6:5\%Si^{4+}$红色荧光粉的相对积分强度分别为室温下的106%和115%左右，表现出优异的耐热性能，而$Cs_2MnF_6:5\%Sc^{3+}$荧光粉在该温度条件下同样能保持室温下积分强度的80%，热稳定性较好。图4.9显示了Cs_2MnF_6、$Cs_2MnF_6:5\%Sc^{3+}$和$Cs_2MnF_6:5\%Si^{4+}$荧光粉的反斯托克斯边带发射（anti-S：580~620nm）、ZPL发射（ZPL：620~628nm）、斯托克斯边带发射（Stokes：628~680nm）和总发射（580~680nm）的积分强度和温度相关的曲线图。通过对图中各分量的观察，可以看到反斯托克斯边带积分强度随温度的升高而明显增大，揭示了一开始热猝灭现象消失的原因。另外，高温下Cs_2MnF_6和$Cs_2MnF_6:5\%Si^{4+}$荧光粉对激发光的吸收增强也是一个可

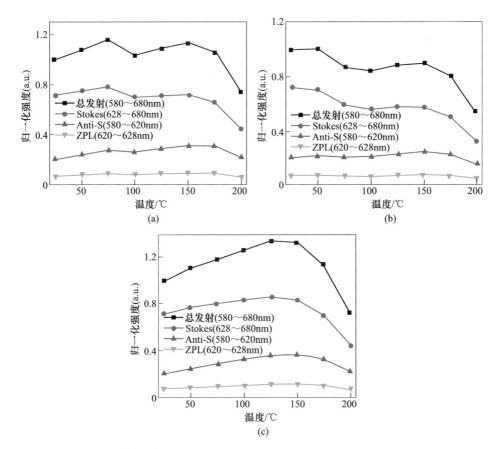

图4.9 Cs_2MnF_6和Sc^{3+}、Si^{4+}反掺荧光粉总的发射积分强度和各分量的积分强度与温度的关系图
(a) Cs_2MnF_6；(b) $Cs_2MnF_6:5\%Sc^{3+}$；(c) $Cs_2MnF_6:5\%Si^{4+}$

能的原因。对于 Cs_2MnF_6:5%Sc^{3+} 荧光粉的反斯托克斯边带的变化则比较平稳，斯托克斯边带的变化是导致其热稳定性呈现下降趋势的主要原因[19]。图 4.10 为 Cs_2MnF_6、Cs_2MnF_6:5%Sc^{3+} 和 Cs_2MnF_6:5%Si^{4+} 荧光粉在 25~75℃ 之间的加热和冷却循环过程中的积分强度和温度的关系图。当温度从 75℃ 降至 25℃ 时，样品的发光强度接近恢复到原来水平。发光强度降低的可能原因是 Cs_2MnF_6、Cs_2MnF_6:5%Sc^{3+}、Cs_2MnF_6:5%Si^{4+} 荧光粉存在轻微的热分解，这主要是 Cs_2MnF_6 中 Mn^{4+} 的含量非常高导致的。

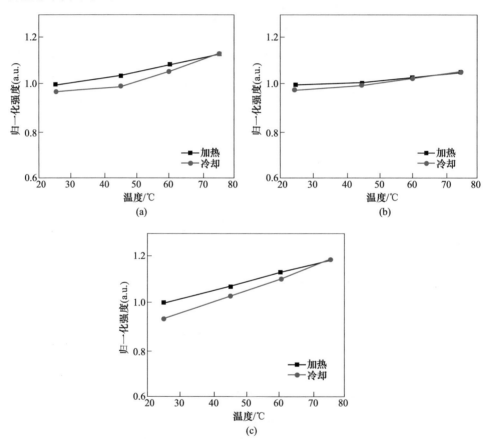

图 4.10 Cs_2MnF_6 和 Sc^{3+}、Si^{4+} 反掺荧光粉的升温降温过程中的积分强度和温度关系图
(a) Cs_2MnF_6；(b) Cs_2MnF_6:5%Sc^{3+}；(c) Cs_2MnF_6:5%Si^{4+}

图 4.11 为 Cs_2MnF_6、Cs_2MnF_6:5%Sc^{3+} 和 Cs_2MnF_6:5%Si^{4+} 红色荧光粉的荧光衰减曲线，468nm 激发，635nm 发射。曲线与大多数氟化物荧光粉不同，并不符合单指数衰减模型。这可能是由于 Cs_2MnF_6 中 Mn^{4+} 的含量很高，导致 Mn^{4+} 离子之间发生了严重的非辐射跃迁过程[24]，它们的荧光寿命可以用以下公式拟合：

$$I(t) = A_1 \exp\left(-\frac{t}{\tau_1}\right) + A_2 \exp\left(-\frac{t}{\tau_2}\right) \tag{4.1}$$

式中，$I(t)$ 为时间 t 时 Cs_2MnF_6 荧光粉的发光强度；A_1，A_2 为常数；τ_1，τ_2 为指数部分的寿命。

平均寿命 τ 可通过以下公式计算：

$$\tau = \frac{A_1\tau_1^2 + A_2\tau_2^2}{A_1\tau_1 + A_2\tau_2} \tag{4.2}$$

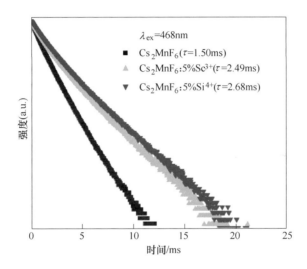

图 4.11　Cs_2MnF_6、$Cs_2MnF_6:5\%Sc^{3+}$ 和 $Cs_2MnF_6:5\%Si^{4+}$ 荧光粉的荧光寿命

随着 Sc^{3+} 和 Si^{4+} 的掺入，Cs_2MnF_6 的荧光寿命从 1.50ms 延长到了 2.49ms 和 2.68ms。在 $Cs_2MnF_6:Sc^{3+}$ 和 $Cs_2MnF_6:Si^{4+}$ 荧光粉中，Mn^{4+} 局部环境的改变，导致了辐射跃迁的概率增加[25]。因此，掺杂 Sc^{3+} 和 Si^{4+} 后 Cs_2MnF_6 荧光粉的荧光寿命增加了。由于 Sc^{3+} 和 Mn^{4+} 的不等价取代，使 $Cs_2MnF_6:Sc^{3+}$ 荧光粉存在结构缺陷，导致 $Cs_2MnF_6:Sc^{3+}$ 的荧光寿命略短于 $Cs_2MnF_6:Si^{4+}$ 的荧光寿命。

4.7　基于 $Cs_2MnF_6:5\%Si^{4+}$ 的 WLED 器件应用

由于 $Cs_2MnF_6:5\%Si^{4+}$ 荧光粉具有较好的热稳定性和发光性能，将其与 InGaN 蓝光芯片和 $Y_3Al_5O_{12}:Ce^{3+}$ 黄色荧光粉封装成 WLED，命名为 LED-1。其电致发光光谱和照片如图 4.12（a）所示，随着驱动电流从 20mA 增加到 300mA，发射强度逐渐增强，但电致发光光谱的峰位和谱型保持基本不变。由于添加了红光成分，因此可以获得柔和的暖白光。图 4.12（b）所示为不同驱动电流下的 CIE 色度坐标，随着驱动电流的增加，LED-1 的色度坐标向标准白光偏移。当驱动电流为 20mA 时，LED-1 的 Ra、R_9、CCT 值和流明效率（LE）分别为 86.2、82.1、3297K 和 38.53lm/W。可以看到由于添加了红光成分，其显色指数升高，色温明显降低。

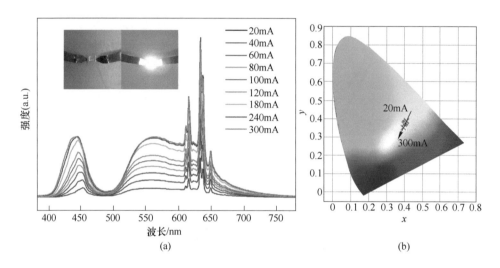

图 4.12　不同驱动电流下 LED-1 的电致发光性质
（a）发光光谱（插图为 LED-1 的照片）；（b）CIE 色度坐标

同时，为了评估该荧光粉在液晶显示背光源领域的应用潜力，将 Cs_2MnF_6:5%Si^{4+} 红色荧光粉、β-Sialon:Eu^{2+} 绿色荧光粉和 InGaN 蓝光芯片封装了另一个 WLED，命名为 LED-2。LED-2 在 20mA 驱动电流下的发射光谱如图 4.13（a）所示，插图是 LED-2 的工作照片。LED-2 发出的白光的 CIE 色度坐标为（0.2976，0.3032），CCT 为 7856K，流明效率为 26.00lm/W。为了获得 LED-2 的色域，使用常规的商用滤光片对 LED-2 发出的白光进行了过滤，过滤后的红光（R）、绿光（G）和蓝光（B）的电致发光光谱分别如图 4.13（b）~（d）所示。LED-2 的色域为 NTSC 值的 122.3%，相当于 Rec.2020 标准色域的 91.3%。表 4.3 列出了一些已经报道的用于液晶显示背光源的 WLED 的光电参数，从这些数据可以看出 Cs_2MnF_6:Si^{4+} 荧光粉是一种有效的红光补偿成分，在显示器背光源中具有潜在应用价值。

4.7 基于 $Cs_2MnF_6:5\%Si^{4+}$ 的 WLED 器件应用

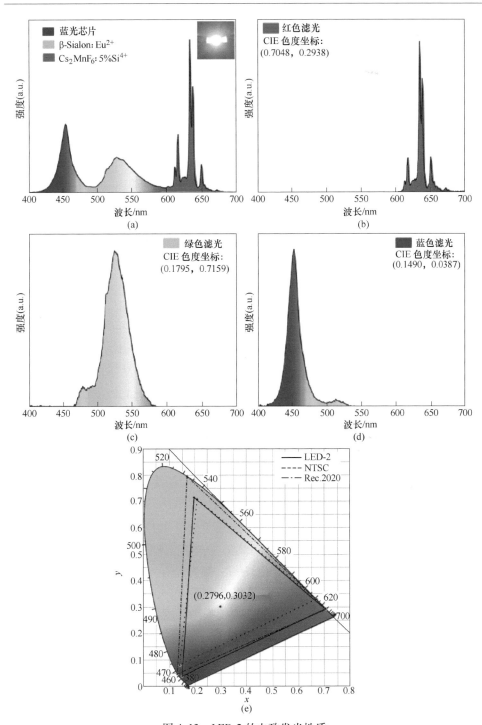

图 4.13 LED-2 的电致发光性质

(a) 发光光谱和工作照片；(b) ~ (d) 滤光片滤光后的电致发光光谱；(e) LED-2 的色域图

表 4.3 部分已报道的 WLED 的光电性能参数

荧光粉		相关色温 /K	CIE 1931 中的色域		参考文献
绿色	红色		NTSC/%	Rec. 2020/%	
CCFL			75.0		[26]
RGB LED			105.0		[26]
β-Sialon:Eu^{2+}	$CaAlSiN_3$:Eu^{2+}	8620	82.1		[27]
β-Sialon:Eu^{2+}	K_2NbF_7:Mn^{4+}	8611	86.7		[28]
β-Sialon:Eu^{2+}	Cs_2SiF_6:Mn^{4+}	6880	84.7		[29]
β-Sialon:Eu^{2+}	K_2NaScF_6:Mn^{4+}	5986	126.3	94.3	[30]
β-Sialon:Eu^{2+}	Cs_2MnF_6:Si^{4+}	7856	122.3	91.3	本书

4.8 结 论

本章通过共沉淀法合成了一种新型的 Cs_2MnF_6 氟化物荧光粉，再通过固溶掺杂合成了 Cs_2MnF_6:Sc^{3+} 和 Cs_2MnF_6:Si^{4+} 系列荧光粉。通过 XRD、SEM、EDS、Rietveld 精修等对 Cs_2MnF_6 荧光粉的物相、形貌、元素分布和晶体结构进行了研究，探究了 Sc^{3+} 和 Si^{4+} 掺杂对 Cs_2MnF_6 荧光粉的物相、形貌、晶体结构、发光特性、热稳定性和荧光寿命的影响。最后为验证 Cs_2MnF_6:Si^{4+} 荧光粉在暖白光 LED 和背光显示用 LED 中的应用潜力，将其与 YAG:Ce^{3+} 黄粉和 β-Sialon:Eu^{2+} 绿粉分别封装，获得结论如下：

(1) Cs_2MnF_6 荧光粉为立方相结构，Sc^{3+} 和 Si^{4+} 的掺杂没有明显改变 Cs_2MnF_6 荧光粉的物相和晶体结构，但 Cs_2MnF_6:Sc^{3+} 和 Cs_2MnF_6:Si^{4+} 荧光粉的粉体颗粒尺寸相比 Cs_2MnF_6 荧光粉增大，通过结构精修发现 Sc^{3+} 的掺杂使 Cs_2MnF_6 荧光粉的晶胞体积有所增大，Si^{4+} 的掺杂使 Cs_2MnF_6 荧光粉的晶胞体积有所缩小。

(2) 在 635nm 波长的监测下，Cs_2MnF_6 荧光粉在 468nm 处有最强激发峰，与商业蓝光芯片匹配较好；在 468nm 的蓝光激发下，该荧光粉在 635nm 处呈现出一系列窄带的红光发射。通过 Sc^{3+} 和 Si^{4+} 的掺杂实现了对 Mn^{4+} 的局部结构的修饰，有效增强了 Cs_2MnF_6 荧光粉的发光强度，Cs_2MnF_6:5%Sc^{3+} 和 Cs_2MnF_6:5%Si^{4+} 的发光强度分别增强了 1.53 倍和 1.32 倍；而且该系列荧光粉具有超高的 AE 值（84%~88%），在 IQE 较低的情况下能实现相对较高的 EQE。

(3) Cs_2MnF_6 荧光粉表现出较好的热稳定性，在 25~175℃ 范围内，发光强度几乎保持不变，175℃ 以后才出现明显的猝灭。而 Si^{4+} 的掺杂更显著提升了 Cs_2MnF_6 的热稳定性，在 150℃ 时，Cs_2MnF_6:Si^{4+} 荧光粉的发光强度为初始强度的

134%，175℃时仍能保持初始发光强度的115%。在升温和降温过程中，该系列荧光粉可能有所分解，发光强度接近初始水平。Sc^{3+}和Si^{4+}的掺杂使Cs_2MnF_6荧光粉的荧光寿命增加。

（4）将合成的Cs_2MnF_6:5%Si^{4+}红色荧光粉与黄色YAG:Ce^{3+}荧光粉混合，再与InGaN蓝光芯片封装，得到了一个暖白光LED，显著降低了色温，提高了显色指数（CCT=3297K、Ra=86.2、R_9=82.1）。将合成的Cs_2MnF_6:5%Si^{4+}红色荧光粉与β-Sialon:Eu^{2+}绿粉封装在InGaN蓝光芯片上得到了较广色域的WLED（NTSC色域：122.3%，Rec.2020色域：91.3%）。

参 考 文 献

[1] Xie R J, Hintzen H T. Optical properties of (oxy) nitride materials: a review [J]. Journal of the American Ceramic Society, 2013, 96 (3): 665~687.

[2] Chen L, Lin C C, Yeh C W, et al. Light converting inorganic phosphors for white light-emitting diodes [J]. Materials, 2010, 3 (3): 2172~2195.

[3] Xie R J, Hirosaki N, Suehiro T, et al. A simple, efficient synthetic route to $Sr_2Si_5N_8$:Eu^{2+}-based red phosphors for white light-emitting diodes [J]. Chemistry of Materials, 2006, 18 (23): 5578~5583.

[4] Uheda K, Hirosaki N, Yamamoto Y, et al. Luminescence properties of a red phosphor, CaAlSiN$_3$:Eu^{2+}, for white light-emitting diodes [J]. Electrochemical and Solid-State Letters, 2006, 9 (4): H22~H25.

[5] Lin C C, Meijerink A, Liu R S. Critical red components for next-generation white LEDs [J]. The Journal of Physical Chemistry Letters, 2016, 7 (3): 495~503.

[6] Nguyen H D, Liu R S. Narrow-band red-emitting Mn^{4+}-doped hexafluoride phosphors: synthesis, optoelectronic properties, and applications in white light-emitting diodes [J]. Journal of Materials Chemistry C, 2016, 4 (46): 10759~10775.

[7] Kasa R, Arai Y, Takahashi T, et al. Photoluminescent properties of cubic K_2MnF_6 particles synthesized in metal immersed HF/$KMnO_4$ solutions [J]. Journal of Applied Physics, 2010, 108 (11): 113503.

[8] Bode H, Jenssen H, Bandte F. Über eine neue darstellung des kalium-hexafluoromanganats (Ⅳ) [J]. Angewandte Chemie, 1953, 65 (11): 304.

[9] Zhu Y, Huang L, Zou R, et al. Hydrothermal synthesis, morphology and photoluminescent properties of an Mn^{4+}-doped novel red fluoride phosphor elpasolite K_2LiAlF_6 [J]. Journal of Materials Chemistry C, 2016, 4 (24): 5690~5695.

[10] Jansen T, Baur F, Jüstel T. Red emitting K_2NbF_7:Mn^{4+} and K_2TaF_7:Mn^{4+} for warm-white LED applications [J]. Journal of Luminescence, 2017, 192: 644~652.

[11] Wang Z, Yang Z, Tan H, et al. Red-emitting phosphor Rb_2TiF_6:Mn^{4+} with high thermal-quenching resistance for wide color-gamut white light-emitting diodes [J]. Optical Materials,

2017, 72: 78~85.

[12] Cai P, Wang X, Seo H J. Excitation power dependent optical temperature behaviors in Mn^{4+} doped oxyfluoride $Na_2WO_2F_4$ [J]. Physical Chemistry Chemical Physics, 2018, 20 (3): 2028~2035.

[13] Xu Y K, Adachi S. Properties of $Na_2SiF_6:Mn^{4+}$ and $Na_2GeF_6:Mn^{4+}$ red phosphors synthesized by wet chemical etching [J]. Journal of Applied Physics, 2009, 105 (1): 013525.

[14] Yang J, Zhang J, Gao Z, et al. Enhanced photoluminescence and thermal stability in solid solution $Ca_{1-x}Sr_xSc_2O_4:Ce^{3+}$ ($x=0$~1) via crystal field regulation and site-preferential occupation [J]. Inorganic Chemistry Frontiers, 2019, 6 (8): 2004~2013.

[15] Zhao C, Xia Z, Yu S. Thermally stable luminescence and structure evolution of (K, Rb) $BaPO_4:Eu^{2+}$ solid-solution phosphors [J]. Journal of Materials Chemistry C, 2014, 2 (30): 6032~6039.

[16] Yu Z, Xia Z, Su C, et al. Effect of Gd/La substitution on the phase structures and luminescence properties of (La, Gd) $Sr_2AlO_5:Ce^{3+}$ solid solution phosphors [J]. Journal of Materials Chemistry C, 2015, 3 (44): 11629~11634.

[17] Wang C, Ye S, Li Y, et al. The impact of local structure variation on thermal quenching of luminescence in $Ca_3Mo_xW_{1-x}O_6:Eu^{3+}$ solid solution phosphors [J]. Journal of Applied Physics, 2017, 121 (12): 123105.

[18] Sijbom H F, Joos J J, Martin L I D J, et al. Luminescent behavior of the $K_2SiF_6:Mn^{4+}$ red phosphor at high fluxes and at the microscopic level [J]. ECS Journal of Solid State Science and Technology, 2016, 5 (1): R3040~R3048.

[19] Zhu H, Lin C C, Luo W, et al. Highly efficient non-rare-earth red emitting phosphor for warm white light-emitting diodes [J]. Nature Communications, 2014, 5 (1): 1~10.

[20] Jin Y, Fang M H, Grinberg M, et al. Narrow red emission band fluoride phosphor $KNaSiF_6:Mn^{4+}$ for warm white light-emitting diodes [J]. ACS applied materials & interfaces, 2016, 8 (18): 11194~11203.

[21] Zhong J S, Chen D Q, Wang X, et al. Synthesis and optical performance of a new red-emitting $ZnTiF_6 \cdot 6H_2O:Mn^{4+}$ phosphor for warm white-light-emitting diodes [J]. Journal of Alloys and Compounds, 2016, 662: 232~239.

[22] Song E, Wang J, Shi J, et al. Highly efficient and thermally stable $K_3AlF_6:Mn^{4+}$ as a red phosphor for ultra-high-performance warm white light-emitting diodes [J]. ACS Applied Materials & Interfaces, 2017, 9 (10): 8805~8812.

[23] Wang Z L, Yang Z Y, Yang Z F, et al. Red phosphor $Rb_2NbOF_5:Mn^{4+}$ for warm white light-emitting diodes with a high color-rendering index [J]. Inorganic Chemistry, 2018, 58 (1): 456~461.

[24] Qiu S, Wei H, Wang M, et al. Synthesis and photoluminescence of Mn^{4+} activated ternary-alkaline fluoride K_2NaGaF_6 red phosphor for warm-white LED application [J]. RSC Advances, 2017, 7 (79): 50396~50402.

[25] Zhou Q, Tan H, Zhou Y, et al. Optical performance of Mn^{4+} in a new hexa-coordinated fluorozirconate complex of Cs$_2$ZrF$_6$ [J]. Journal of Materials Chemistry C, 2016, 4 (31): 7443~7448.

[26] Oh J H, Kang H, Ko M, et al. Analysis of wide color gamut of green/red bilayered freestanding phosphor film-capped white LEDs for LCD backlight [J]. Optics Express, 2015, 23 (15): A791~A804.

[27] Xie R J, Hirosaki N, Takeda T. Wide color gamut backlight for liquid crystal displays using three-band phosphor-converted white light-emitting diodes [J]. Applied Physics Express, 2009, 2 (2): 022401.

[28] Lin H, Hu T, Huang Q, et al. Non-rare-earth K$_2$XF$_7$:Mn^{4+} (X=Ta, Nb): a highly-efficient narrow-band red phosphor enabling the application in wide-color-gamut LCD [J]. Laser & Photonics Reviews, 2017, 11 (6): 1700148.

[29] Liu Y, Zhou Z, Huang L, et al. High-performance and moisture-resistant red-emitting Cs$_2$SiF$_6$:Mn^{4+} for high-brightness LED backlighting [J]. Journal of Materials Chemistry C, 2019, 7 (8): 2401~2407.

[30] Ming H, Liu L, He S, et al. An ultra-high yield of spherical K$_2$NaScF$_6$:Mn^{4+} red phosphor and its application in ultra-wide color gamut liquid crystal displays [J]. Journal of Materials Chemistry C, 2019, 7 (24): 7237~7248.

5　$Cs_2NbOF_5:Mn^{4+}$ 氟氧化物红色荧光粉的制备和发光性能研究

自从 Adachi 课题组报道了 $K_2SiF_6:Mn^{4+}$ 氟化物荧光粉以后[1]，人们对新型红光氟化物荧光粉进行了大量的研究。相对于氟化物荧光粉，氟氧化物荧光粉的研究相对较少，氟氧化物通常具有比氟化物更好的化学稳定性；氟氧化物中，阳离子与 O^{2-}/F^- 离子间 $d\pi$—$p\pi$ 轨道成键作用不同，其八面体配位结构形成天然大畸变，掺入 Mn^{4+} 后容易出现强的 ZPL 发射。Seo 和 Wang 的研究小组通过 Mn^{4+} 的非等价掺杂获得了一系列由 $B_2MO_2F_4:Mn^{4+}$（B = Na 或 Cs；M = W(Ⅵ) 或 Mo(Ⅵ)）组成的一系列氟氧化物红色荧光粉[2~5]，这些氟氧化物红色荧光粉表现出良好的光致发光性能。这表明在某些氟氧化物基质中非等价地掺杂 Mn^{4+} 可能是开发具有令人满意的光谱特征和低成本的新型红色荧光粉的有效途径。

在本章中，选取 A_2MOF_5（A = Na，K，Rb，Cs；M = V(Ⅴ)，Nb(Ⅴ)，Ta(Ⅴ)）系列中的 Cs_2NbOF_5，研究其在 Mn^{4+} 掺杂时的发光性能。通过温和的室温共沉淀法制备 $Cs_2NbOF_5:Mn^{4+}$ 荧光粉，并对其物相组成、形貌、光学性能和热猝灭行为进行研究。计算 $Cs_2NbOF_5:Mn^{4+}$ 荧光粉的色纯度，测量其内量子产率（QY）。将制备的 $Cs_2NbOF_5:Mn^{4+}$ 样品和商业化 $YAG:Ce^{3+}$ 黄色荧光粉混合封装得到 WLED，探究氟氧化物荧光粉在暖白光 LED 中的应用潜力。

5.1　共沉淀法制备 $Cs_2NbOF_5:Mn^{4+}$

如图 5.1 所示，采用共沉淀法合成 $Cs_2NbOF_5:Mn^{4+}$，将 5mmol Nb_2O_5 在水浴条件下加热溶于 5mL 40% HF 中，形成透明溶液后将溶液冷却至室温。向该溶液中加入 0.2mmol K_2MnF_6，剧烈搅拌 3min 后，加入 20mmol CsF。将混合溶液搅拌 2h，陈化 8h。沉淀物通过离心分离，用冰乙酸溶液和乙醇洗涤几次，然后在 70℃下干燥 3h。在相同条件下，合成不同浓度 Mn^{4+} 掺杂的 $Cs_2NbOF_5:Mn^{4+}$ 荧光粉。

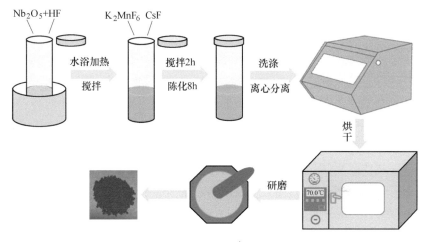

图 5.1 Cs$_2$NbOF$_5$:Mn^{4+} 的制备流程

5.2　Cs$_2$NbOF$_5$:Mn^{4+}荧光粉的物相、形态及组成

图 5.2 为不同浓度 Mn^{4+} 掺杂的 Cs$_2$NbOF$_5$:Mn^{4+} 荧光粉的 XRD 图谱。所有衍射峰均与 Cs$_2$NbOF$_5$ 标准卡（JCPDS 20-0281，空间群 $P3$，a = 2.1341nm，b = 2.1341nm，c = 0.8521nm，β = 90°）匹配良好，没有多余的杂峰。这表明 Cs$_2$NbOF$_5$:Mn^{4+} 荧光粉为六方结构的单一相，少量的 Mn^{4+}（摩尔分数从 0.43% 到 6.19%）进入 Cs$_2$NbOF$_5$ 的主晶格没有引起晶体结构的改变。由于 Nb^{5+} 和 Mn^{4+} 的离子半径和价态相近，在此氟氧化物荧光粉中 Mn^{4+} 倾向于占据 Nb^{5+} 的位置[6]。

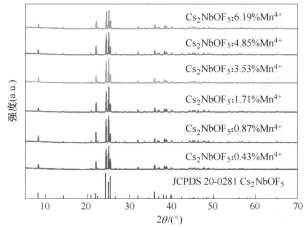

图 5.2　不同 Mn^{4+} 掺杂浓度的 Cs$_2$NbOF$_5$:Mn^{4+} 荧光粉 XRD 图谱

考虑到 Mn^{4+} 和 Nb^{5+} 的价态不同和离子半径不同,将 Mn^{4+} 掺入 Cs_2NbOF_5 基质中不可避免地会引起结构缺陷。根据 Kröger-Vink 符号,反应可能遵循如下缺陷反应式[6,7]:

$$K_2MnF_6 \xrightarrow{Cs_2NbOF_5} 2K_{Cs}^\times + Mn'_{Nb} + V_O^{\cdot\cdot} + 5F_F^\times + F'_i \qquad (5.1)$$

Mn^{4+} 取代 Nb^{5+} 会使材料中产生一个负电荷缺陷(Mn'_{Nb}),一个氧空位($V_O^{\cdot\cdot}$)和一个间隙氟离子(F'_i),见反应式(5.1)。电荷平衡是通过氧空位和氟间隙离子来实现的。

Cs_2NbOF_5:Mn^{4+} 的表面形貌和元素组成如图 5.3 所示。Cs_2NbOF_5:Mn^{4+} 样品由棱角分明的微米棒状颗粒组成,说明 Cs_2NbOF_5:Mn^{4+} 的结晶性能良好。Cs_2NbOF_5:Mn^{4+} 粉体颗粒的直径为 2~3μm,长度为 10~25μm。所得的 Cs_2NbOF_5:Mn^{4+} 红色荧光粉由 Cs、Nb、O、F 和 Mn 元素组成。检测到少量的 Mn,这表明 Mn 确实掺杂到了

(a)

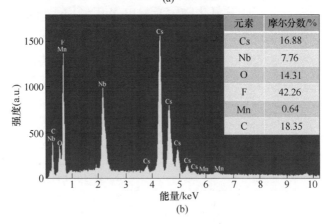

(b)

图 5.3 Cs_2NbOF_5:Mn^{4+} 荧光粉的形貌和元素构成

(a) SEM 图;(b) EDS 能谱图

Cs_2NbOF_5 基质中。测得的 Cs、Nb 和 F 的摩尔分数分别为 16.88%、7.76% 和 42.26%，该结果接近 Cs_2NbOF_5 的化学计量比 2∶1∶5。结果进一步证实了所制备的荧光粉为纯相，由于导电胶的存在，O 的含量超过了其化学计量比的正常含量，被检出的 C 元素也归属于导电树脂。

5.3 Cs_2NbOF_5:Mn^{4+}荧光粉的光谱研究

5.3.1 Cs_2NbOF_5:Mn^{4+}荧光粉的激发、发射和漫反射光谱

Cs_2NbOF_5:Mn^{4+}荧光粉在室温下的激发、发射和漫反射光谱如图 5.4 所示。位于 371nm 和 474nm 的两个强激发带分别来自于 Mn^{4+} 的 $^4A_{2g} \rightarrow {}^4T_{1g}$ 和 $^4A_{2g} \rightarrow {}^4T_{2g}$ 的自旋允许跃迁[8]。以 474nm 为中心的激发带强度远远高于 371nm 的激发带，并且完全覆盖了商用 InGaN LED 蓝光芯片的发射范围，这表明 Cs_2NbOF_5:Mn^{4+} 红色荧光粉在 WLED 中具有潜在的应用价值。在 Cs_2NbOF_5:Mn^{4+} 红色荧光粉的漫反射光谱中，可以在紫外和蓝光区域看到两个强烈的吸收带，这与激发光谱中的位置相一致。在 474nm 的光激发后，Cs_2NbOF_5 基质中的 Mn^{4+} 呈现出一系列窄而尖的发射线，范围从 590nm 到 660nm，这是由于 Mn^{4+} 的声子边带跃迁 $^2E_g \rightarrow {}^4A_{2g}$ 所致[9]。由于 $^2E_g \rightarrow {}^4A_{2g}$ 跃迁具有宇称和自旋双重禁戒性质，Mn^{4+} 的发射光谱通常以反斯托克斯/斯托克斯声子边带跃迁为主，因此，Mn^{4+} 的零声子线（ZPL）发射非常弱，并且声子辅助的振动跃迁通常在 Mn^{4+} 的发射中占主导地位[10]。位于 633nm 和 616nm、637nm 和 611nm、649nm 和 601nm 的三对尖锐的发射峰分别对应于 ZPL±ν_6，ZPL±ν_4 和 ZPL±ν_3 的声子辅助的振动跃迁[11]。从制备的 Cs_2NbOF_5:Mn^{4+} 荧光粉的照片中可以看出，它在蓝光的照射下发出强烈的红光。

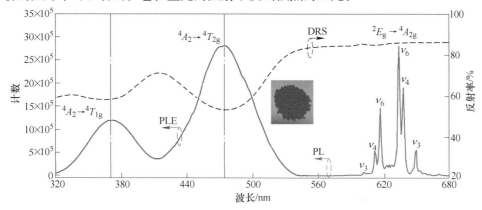

图 5.4 Cs_2NbOF_5:1.71% Mn^{4+}荧光粉的激发、发射、漫反射光谱
（λ_{ex}=474nm，λ_{em}=633nm）和蓝光照射下的照片

$Cs_2NbOF_5:Mn^{4+}$荧光粉的荧光衰减曲线如图 5.5（a）所示，衰减曲线很好地拟合成一个单指数函数，寿命值为 4.36ms。寿命值在毫秒范围内表明是 Mn^{4+} 的 d 电子的禁戒跃迁[12]。荧光粉的色纯度可以用以下公式计算[13]：

$$色纯度 = \frac{\sqrt{(x-x_i)^2 + (y-y_i)^2}}{\sqrt{(x_d-x_i)^2 + (y_d-y_i)^2}} \times 100\% \quad (5.2)$$

式中，(x, y) 为 $Cs_2NbOF_5:Mn^{4+}$ 红色荧光粉的色度坐标；(x_i, y_i) 为等能白点的色度坐标，其值为（0.3333，0.3333）；(x_d, y_d) 为与光源的主波长相对应的色度坐标。

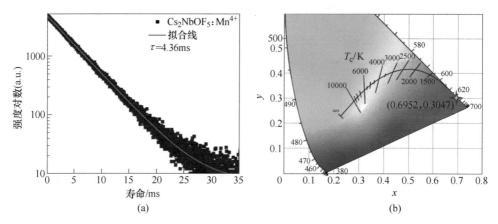

图 5.5 $Cs_2NbOF_5:1.71\%Mn^{4+}$荧光粉的荧光衰减曲线（$\lambda_{em}=633$mm）（a）和在 474nm 蓝光激发下的 CIE 色度坐标图（b）

根据式（5.2）计算，$Cs_2NbOF_5:Mn^{4+}$ 荧光粉的色纯度为 99% 左右，表明 $Cs_2NbOF_5:Mn^{4+}$ 荧光粉具有很高的色纯度。相比之下，$K_2NaAlF_6:Mn^{4+}$ 和 $K_2LiAlF_6:Mn^{4+}$ 红色荧光粉的色纯度分别只有 97% 和 89%[11,14]。

内量子效率是评估荧光粉材料性能的关键参数，它被定义为发射的光子与吸收的光子之比[15]。在室温条件下使用涂覆有硫酸钡的积分球测量了 $Cs_2NbOF_5:Mn^{4+}$ 荧光粉的内量子效率。在 474nm 蓝光的激发下测得 $Cs_2NbOF_5:Mn^{4+}$ 荧光粉的内量子效率值为 63.4%，$Cs_2NbOF_5:Mn^{4+}$ 样品的吸收效率为 33.4%（用 AE 表示），当激发波长为 474nm 时，$Cs_2NbOF_5:Mn^{4+}$ 样品外量子效率值计算为 21.2%。

5.3.2 $Cs_2NbOF_5:Mn^{4+}$荧光粉发光强度优化

图 5.6（a）所示为不同浓度 Mn^{4+} 掺杂时的 $Cs_2NbOF_5:Mn^{4+}$ 荧光粉的发射光谱。采用了电感耦合等离子体原子发射光谱法测量了 Cs_2NbOF_5 基质中 Mn^{4+} 的实际掺杂浓度，结果列于表 5.1 中，可以看到实际的掺杂浓度是低于设想浓度的。

5.3 $Cs_2NbOF_5:Mn^{4+}$ 荧光粉的光谱研究

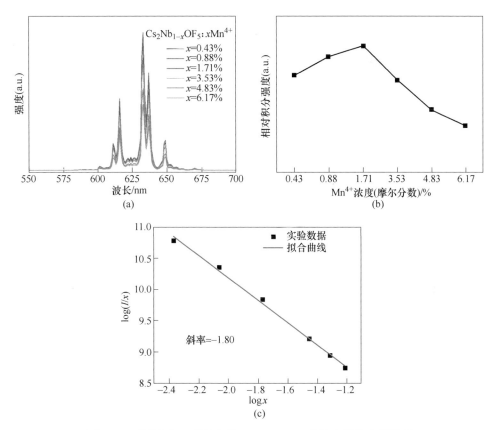

图 5.6 不同浓度 Mn^{4+} 掺杂的 $Cs_2NbOF_5:Mn^{4+}$ 荧光粉的发射性质

(a) 发射光谱；(b) 相应的积分强度和 Mn^{4+} 浓度的关系；(c) $\log(I/x)$ 与 $\log(x)$ 的关系

表 5.1 不同 Nb_2O_5 与 K_2MnF_6 摩尔比合成的 $Cs_2NbOF_5:Mn^{4+}$ 红色荧光粉的 ICP 分析结果

样品号	Nb 和 Mn 的摩尔比	Mn^{4+} 的实际掺杂量（摩尔分数）/%
1	100∶0.5	0.43
2	100∶1	0.87
3	100∶2	1.71
4	100∶4	3.53
5	100∶6	4.85
6	100∶8	6.17

从图 5.6（a）中可以看出不同浓度 Mn^{4+} 掺杂的 Cs_2NbOF_5 荧光粉除荧光强度

不同外谱型特征是相同的。图 5.6（b）为发射光谱的积分强度与 Mn^{4+} 掺杂浓度之间的关系，$Cs_2NbOF_5:Mn^{4+}$ 的发光强度先随 Mn^{4+} 掺杂浓度的增加而上升，并在 1.71%（摩尔分数）处达到最大值。然后由于浓度猝灭，在 Mn^{4+} 浓度由 1.71% 增加到 6.17% 的过程中，发光强度逐渐递减。一般而言，浓度猝灭现象的产生可能是由于在相邻的 Mn^{4+} 激活剂离子间发生了能量转移。随着激活剂掺杂浓度的增加，激活剂之间的距离变得更小，也就导致了 Mn^{4+} 离子之间的能量转移更加高效，然后激活能在猝灭中心迁移并耗尽[16]。由于 $Cs_2NbOF_5:Mn^{4+}$ 荧光粉的激发和发射光谱之间没有重叠，因此涉及的能量转移机制不是辐射重吸收。为了更好地了解 $Cs_2NbOF_5:Mn^{4+}$ 荧光粉的浓度猝灭机理，Blasse 指出计算相邻 Mn^{4+} 离子之间的临界距离（R_c）是至关重要的[17,18]：

$$R_c = 2 \times \left(\frac{3V}{4\pi x_c N}\right)^{\frac{1}{3}} \tag{5.3}$$

式中，x_c 为基质中 Mn^{4+} 的临界浓度；V 为 Cs_2NbOF_5 的晶胞体积；N 为晶胞中激活剂离子可替代的位点数。

对于 Cs_2NbOF_5 基质，$V = 3.36086 nm^3$，$N = 18$，临界浓度（x_c）为 1.71%。通过计算可以得出临界距离（R_c）为 2.753nm。通常能量传递机制可分为两种相互作用模型：多极相互作用及交换相互作用。交换相互作用的临界距离通常为 0.5nm；由于 $Cs_2NbOF_5:Mn^{4+}$ 荧光粉中 R_c 远大于 0.5nm，因此交换相互作用在 Mn^{4+} 离子之间的能量转移中起的作用微不足道。因此，能量迁移机制可能是多极相互作用的结果。根据 Dexter 理论，多极相互作用的类型可由下式确定[15]：

$$\frac{I}{x} = K[1 + \beta(x)^{\frac{\theta}{3}}]^{-1} \tag{5.4}$$

式中，I 为样品的积分发射强度；x 为样品中激活剂浓度；K、β 为常数；θ 为电偶极-电偶极（d-d）、电偶极-电四极（d-q）和电四极-电四极（q-q）的电多极相互作用的判断指数，θ 对应的取值分别为 6、8 和 10。

式（5.4）可以大致简化如下：

$$\log\left(\frac{I}{x}\right) = -\frac{\theta}{3}\log x + A \tag{5.5}$$

如图 5.6（c）所示，绘制了 $\log(I/x)$ 和 $\log(x)$ 的函数关系曲线图，斜率为 $-\theta/3$。由近似拟合的直线可以得出斜率为 -1.80，相应的 θ 值通过计算可以得出为 5.40，接近于 6。因此，Cs_2NbOF_5 基质中 Mn^{4+} 的浓度猝灭主要是电偶极-电偶极相互作用导致的。

5.4　$Cs_2NbOF_5:Mn^{4+}$荧光粉的热稳定性

WLED 的工作温度可能高达 423K（150℃），这会导致荧光粉发光强度降低。因此，热稳定性是用于评估 WLED 性能的重要参数。在 298~473K 的升温过程中，$Cs_2NbOF_5:Mn^{4+}$样品的发射强度光谱如图 5.7（a）所示，积分强度变化趋势如图 5.7（b）所示。由于非辐射跃迁概率的增加，$Cs_2NbOF_5:Mn^{4+}$荧光粉发射强度随温度的升高而逐渐降低。当温度升高至 423K（150℃）时，样品的发射强度为室温时强度的 60.97%。

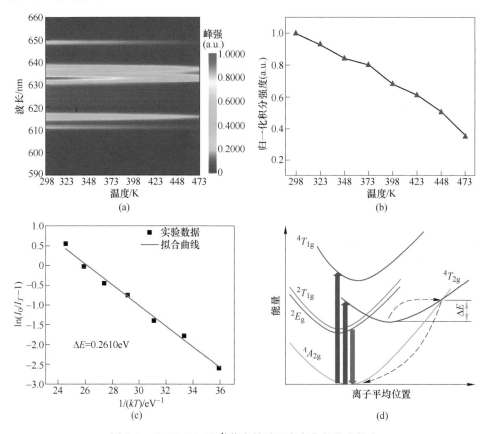

图 5.7　$Cs_2NbOF_5:Mn^{4+}$荧光粉随温度变化的发光行为
（a）变温光谱图；（b）积分强度和温度关系；（c）$\ln(I_0/I_T-1)$ 和 $1/(kT)$ 的关系；
（d）Mn^{4+}的基态和激发态的位形坐标

在温度猝灭过程中，活化能（ΔE）可以通过阿累尼乌斯公式确定[19]：

$$I_T = \frac{I_0}{1 + C \times \exp\left(-\frac{\Delta E}{kT}\right)} \tag{5.6}$$

式中，I_0 为 Cs_2NbOF_5:Mn^{4+} 红粉在室温时的发射光谱的积分强度；I_T 为样品在温度 T 时的积分强度；C 为常数（频率因子）；ΔE 为热猝灭的活化能；k 为玻耳兹曼常数（8.617×10^{-5}eV/K）。

如图 5.7（c）所示，可以通过将 $\ln(I_0/I_T-1)$ 对 $1/kT$ 作图来计算活化能 ΔE。Cs_2NbOF_5:Mn^{4+} 样品热猝灭的活化能 ΔE 由拟合直线的斜率得到，约为 0.2610eV，高于 K_2LiGaF_6:Mn^{4+} 红色荧光粉的 $\Delta E = 0.24$eV[20,21]。热猝灭原理可以通过 Mn^{4+} 的位形坐标图解释，如图 5.7（d）所示。在紫外光或蓝光照射下，首先激发处于基态的 Mn^{4+} 电子，并将其泵浦到激发态能级 $^4T_{2g}$ 和 $^4T_{1g}$；然后，这些电子通过非辐射跃迁过程弛豫到能量较低的 ^2E_g 能级，^2E_g 能级上的电子通过其热振动布居；最后，通过自旋禁戒的 Mn^{4+} 的 $^2E_g \to {^4A_{2g}}$ 跃迁获得红光发射。然而，随着温度的升高，大多数吸收热激活能的电子会沿着非辐射迁移通道返回基态。通道是 $^4T_{2g}$ 和 $^4A_{2g}$ 能级的交叉点，这是发生热猝灭的原因。

5.5 Cs_2NbOF_5:Mn^{4+} 在 WLED 器件中的应用

为了评估 Cs_2NbOF_5:Mn^{4+} 红色荧光粉在暖白光 LED 中的性能，将 YAG:Ce^{3+}、YAG:Ce^{3+} 和 Cs_2NbOF_5:Mn^{4+} 的混合物涂覆于 InGaN 蓝光芯片上制作两个 WLED（LED-1 和 LED-2）。归一化的电致发光（EL）光谱和照片如图 5.8（a）所示。没有添加红粉的 WLED（LED-1）由于 YAG:Ce^{3+} 黄粉中红色成分的缺失导致色温更高（6255K），显色指数偏低（Ra = 72.5）。而添加了 Cs_2NbOF_5:Mn^{4+} 红色荧光粉的 WLED（LED-2）可以在 EL 光谱中观察到一系列强烈的窄带红光发射峰，这些峰是由于 Cs_2NbOF_5 中 Mn^{4+} 的 $^2E_g \to {^4A_{2g}}$ 跃迁所致。由于增加了 Cs_2NbOF_5:Mn^{4+} 荧光粉发出的红光成分，色温从 6255K 急剧下降至 3517K，而显色指数从 72.5 上升到 87.5。同时，如图中 WLED 的照片所示，LED-1 由于红光成分的缺失而发出冷白光，而添加了 Cs_2NbOF_5:Mn^{4+} 红粉的 WLED 则发出柔和的暖白光。从图 5.8（b）的 CIE 色度图中可以看出，添加 Cs_2NbOF_5:Mn^{4+} 氟化物红粉之后，WLED 相对应的 CIE 色度坐标从冷白光（0.3176，0.3261）变为暖白光（0.4104，0.4067）。通常情况下，在 LED 器件中加入红色荧光粉会由于斯托克斯位移而降低发光效率[22]。但以 YAG:Ce^{3+} 黄色荧光粉和 Cs_2NbOF_5:Mn^{4+} 红色荧光粉封装的 WLED 依然可以实现 90.72lm/W 的发光效率。这些结果表明，在暖白光 LED 中 Cs_2NbOF_5:Mn^{4+} 红色荧光粉作为红光的补足成分具有很大的应用前景。

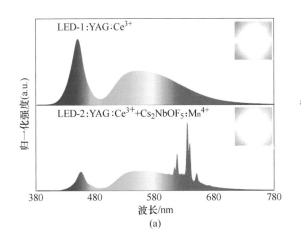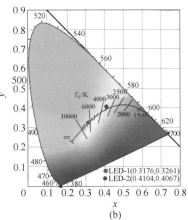

图 5.8　基于 YAG:Ce³⁺、YAG:Ce³⁺和 Cs₂NbOF₅:Mn⁴⁺荧光粉的 WLED 的电致发光性质
（a）EL 光谱和照片；（b）相应的 CIE 色度图

5.6　结　　论

在本章中，通过温和的室温共沉淀法合成了非稀土、不等价掺杂的 $Cs_2NbOF_5:Mn^{4+}$ 氟氧化物红色荧光粉，并通过 XRD、SEM、EDS、ICP 对其物相组成、形貌和元素组成进行了分析。通过激发、发射、漫反射光谱和荧光衰减曲线分析了该荧光粉的发光特性，并计算了其量子产率和色纯度。研究了 Mn^{4+} 掺杂浓度对其发光强度的影响，分析了浓度猝灭机理。探究了 $Cs_2NbOF_5:Mn^{4+}$ 荧光粉的热稳定性，计算了样品的活化能。最后，测试其在暖白光 LED 中的应用价值。得到结论如下：

（1）Mn^{4+} 的不等价取代并没有改变 Cs_2NbOF_5 的物相结构。通过可能的缺陷反应式，分析了不等价取代过程中的电荷平衡机制。$Cs_2NbOF_5:Mn^{4+}$ 荧光粉由粒径均匀、棱角分明的棒状颗粒组成，粉体颗粒的直径为 2～3μm，长度为 10～25μm。EDS 能谱测试的原子比接近 Cs_2NbOF_5 的化学计量比 2∶1∶5，进一步证实了所制备的荧光粉为纯相。

（2）$Cs_2NbOF_5:Mn^{4+}$ 氟氧化物红色荧光粉表现出宽带吸收的特点，并且最强激发带位于蓝光区域，与漫反射光谱中的位置一致。在 633nm 处表现出尖锐的红光发射，颜色纯度高达 99%。荧光衰减曲线符合单指数函数，荧光寿命为 4.36ms，内量子效率为 63.4%。

（3）通过改变 Nb_2O_5 与 K_2MnF_6 摩尔比优化了 $Cs_2NbOF_5:Mn^{4+}$ 荧光粉的发光

强度，Mn^{4+} 浓度（摩尔分数）为 1.71% 时 $Cs_2NbOF_5:Mn^{4+}$ 的发光强度达到最强。通过 Dexter 理论计算得知 Cs_2NbOF_5 基质中 Mn^{4+} 的浓度猝灭机制主要是电偶极-电偶极相互作用。分析了 $Cs_2NbOF_5:Mn^{4+}$ 荧光粉的变温光谱，温度为 423K（150℃）时，其发光强度为室温时强度的 60.97%，通过阿累尼乌斯公式计算了活化能（ΔE）为 0.2610eV。

（4）通过添加 $Cs_2NbOF_5:Mn^{4+}$ 作为有效的红色补偿剂，可以获得具有 87.5 的高显色指数、3517K 的低色温和 90.72lm/W 的较高发光效率的暖白光 LED。结果表明所制备的 $Cs_2NbOF_5:Mn^{4+}$ 红色荧光粉是有前途的红光补偿材料，可以用于构成照明或显示应用的 WLED。

参 考 文 献

[1] Takahashi T, Adachi S. Mn^{4+}-activated red photoluminescence in K_2SiF_6 phosphor [J]. Journal of The Electrochemical Society, 2008, 155 (12): E183~E188.

[2] Hu T, Lin H, Cheng Y, et al. A highly-distorted octahedron with a C_{2v} group symmetry inducing an ultra-intense zero phonon line in Mn^{4+}-activated oxyfluoride $Na_2WO_2F_4$ [J]. Journal of Materials Chemistry C, 2017, 5 (40): 10524~10532.

[3] Cai P, Qin L, Chen C, et al. Luminescence, energy transfer and optical thermometry of a novel narrow red emitting phosphor: $Cs_2WO_2F_4:Mn^{4+}$ [J]. Dalton Transactions, 2017, 46 (41): 14331~14340.

[4] Cai P, Wang X, Seo H J. Excitation power dependent optical temperature behaviors in Mn^{4+} doped oxyfluoride $Na_2WO_2F_4$ [J]. Physical Chemistry Chemical Physics, 2018, 20 (3): 2028~2035.

[5] Yang Z, Wei Q, Wang N, et al. Communication-Synthesis and Luminescent Properties of Red-Emitting Phosphor $BaNbF_{5.5}(OH)_{1.5}:Mn^{4+}$ [J]. ECS Journal of Solid State Science and Technology, 2017, 6 (9): R139~R141.

[6] Jansen T, Baur F, Jüstel T. Red emitting $K_2NbF_7:Mn^{4+}$ and $K_2TaF_7:Mn^{4+}$ for warm-white LED applications [J]. Journal of Luminescence, 2017, 192: 644~652.

[7] Deng T T, Song E H, Su J, et al. Stable narrowband red emission in fluorotellurate $KTeF_5:Mn^{4+}$ via Mn^{4+} noncentral-site occupation [J]. Journal of Materials Chemistry C, 2018, 6 (16): 4418~4426.

[8] Zhu M, Pan Y, Xi L, et al. Design, preparation, and optimized luminescence of adodec-fluoride phosphor $Li_3Na_3Al_2F_{12}:Mn^{4+}$ for warm WLED applications [J]. Journal of Materials Chemistry C, 2017, 5 (39): 10241~10250.

[9] Song E, Zhou Y, Yang X B, et al. Highly efficient and stable narrow-band red phosphor $Cs_2SiF_6:Mn^{4+}$ for high-power warm white LED applications [J]. Acs Photonics, 2017, 4 (10): 2556~2565.

[10] Shao Q, Wang L, Song L, et al. Temperature dependence of photoluminescence spectra and

dynamics of the red-emitting $K_2SiF_6:Mn^{4+}$ phosphor [J]. Journal of Alloys and Compounds, 2017, 695: 221~226.

[11] Zhu Y, Cao L, Brik M G, et al. Facile synthesis, morphology and photoluminescence of a novel red fluoride nanophosphor $K_2NaAlF_6:Mn^{4+}$ [J]. Journal of Materials Chemistry C, 2017, 5 (26): 6420~6426.

[12] Lin H, Hu T, Huang Q, et al. Non-rare-earth $K_2XF_7:Mn^{4+}$ (X = Ta, Nb): a highly-efficient narrow-band red phosphor enabling the application in wide-color-gamut LCD [J]. Laser & Photonics Reviews, 2017, 11 (6): 1700148.

[13] Zhang X, Tsai Y T, Wu S M, et al. Facile atmospheric pressure synthesis of high thermal stability and narrow-band red-emitting $SrLiAl_3N_4:Eu^{2+}$ phosphor for high color rendering index white light-emitting diodes [J]. ACS Applied Materials & Interfaces, 2016, 8 (30): 19612~19617.

[14] Zhu Y, Liu Y, Brik M G, et al. Controlled morphology and improved photoluminescence of red emitting $K_2LiAlF_6:Mn^{4+}$ nano-phosphor by co-doping with alkali metal ions [J]. Optical Materials, 2017, 74: 52~57.

[15] Zhu M, Pan Y, Huang Y, et al. Designed synthesis, morphology evolution and enhanced photoluminescence of a highly efficient red dodec-fluoride phosphor, $Li_3Na_3Ga_2F_{12}:Mn^{4+}$, for warm WLEDs [J]. Journal of Materials Chemistry C, 2018, 6 (3): 491~499.

[16] Jiang C, Brik M G, Li L, et al. The electronic and optical properties of a narrow-band red-emitting nanophosphor $K_2NaGaF_6:Mn^{4+}$ for warm white light-emitting diodes [J]. Journal of Materials Chemistry C, 2018, 6 (12): 3016~3025.

[17] Qiao J, Xia Z, Zhang Z, et al. Near UV-pumped yellow-emitting $Sr_9MgLi(PO_4)_7:Eu^{2+}$ phosphor for white-light LEDs [J]. Science China Materials, 2018, 61 (7): 985~992.

[18] Blasse G. Energy transfer in oxidic phosphors [J]. Physics Letters A, 1968, 28 (6): 444~445.

[19] Xi L, Pan Y, Zhu M, et al. Abnormal site occupancy and high performance in warm WLEDs of a novel red phosphor, $NaHF_2:Mn^{4+}$, synthesized at room temperature [J]. Dalton Transactions, 2017, 46 (40): 13835~13844.

[20] Jia H, Cao L, Wei Y, et al. A narrow-band red-emitting $K_2LiGaF_6:Mn^{4+}$ phosphor with octahedral morphology: Luminescent properties, growth mechanisms, and applications [J]. Journal of Alloys and Compounds, 2018, 738: 307~316.

[21] Zhu Y, Yu J, Liu Y, et al. Photoluminescence properties of a novel red fluoride $K_2LiGaF_6:Mn^{4+}$ nanophosphor [J]. RSC Advances, 2017, 7 (49): 30588~30593.

[22] Jin Y, Fang M H, Grinberg M, et al. Narrow red emission band fluoride phosphor $KNaSiF_6:Mn^{4+}$ for warm white light-emitting diodes [J]. ACS applied materials & interfaces, 2016, 8 (18): 11194~11203.

6 $K_2SiF_6:Mn^{4+}$ 和 $K_2TiF_6:Mn^{4+}$ 荧光粉发光和耐水性能的提升研究

Mn^{4+}掺杂红色荧光粉以其在蓝光激发下的宽带吸收、窄带发射及制备工艺简单、成本低廉等优点引起了广泛关注，但这类荧光粉对水汽极为敏感，严重限制了其实际的工业应用。为解决这一问题，国内外研究学者提出了多种解决方案。目前，提出的解决策略多为正向防御，即在荧光粉的表面增加保护层防御水汽，主要有三种方法：无机化合物沉积法、疏水性有机涂层法和无机-有机杂化法。由于大部分无机化合物沉积会降低所得荧光粉的发光效率，而有机涂层在高温下不稳定，如何在不降低初始发光强度和稳定性的情况下又可以提升其耐水性仍是一个有待解决的问题。

在本章中，设计了一种反向修复改性策略，它既可以保持$K_2SiF_6:Mn^{4+}$和$K_2TiF_6:Mn^{4+}$荧光粉的初始发光性能，还可以提高它们的防水性能。通过ICP、XPS和FT-IR对$K_2SiF_6:Mn^{4+}$荧光粉的发光劣化、修复及耐水性提升机理做了解析。通过室温激发发射光谱、变温光谱及荧光衰减曲线对修复的$K_2SiF_6:Mn^{4+}$（R-KSFM）荧光粉的光学特性进行探究。通过浸水老化对比实验来了解所得R-KSFM和修复的$K_2TiF_6:Mn^{4+}$（R-KTFM）荧光粉的耐水性提升效果。将R-KSFM红色荧光粉与YAG:Ce^{3+}黄色荧光粉、InGaN基蓝光LED芯片封装制得WLED器件用来评估所得R-KSFM样品的实用性。

6.1 实验过程

实验过程包括以下几部分：

（1）K_2MnF_6的制备。在溶解有KHF_2和强氧化性$KMnO_4$的HF溶液中滴加H_2O_2溶液，使发生氧化还原反应生成黄色的K_2MnF_6沉淀，反应关系式如下：

$$4K^+ + 2MnO_4^- + 3H_2O_2 + 6HF_2^- \longrightarrow 2K_2MnF_6(\downarrow) + 4O_2 + 6H_2O \quad (6.1)$$

与直接采用高锰酸钾作锰源相比，用此方法制备的K_2MnF_6作为锰源具有锰价态易控的优点。

（2）$K_2SiF_6:Mn^{4+}$荧光粉的制备。采用共沉淀法来合成荧光粉$K_2SiF_6:Mn^{4+}$。将7g SiO_2溶解于150mL HF制得液体A，将21g KF溶解于100mL HF制得液体B，再将2.693g K_2MnF_6溶解于180mL HF制得液体C，然后将液体A、B和C混

合搅拌 3h 得到黄色沉淀,用无水乙醇洗涤 3 次,用离心机离心收集,再放入 70℃真空干燥箱干燥 3~4h 以获得 K_2SiF_6:Mn^{4+}红色荧光粉。

(3) K_2TiF_6:Mn^{4+}荧光粉的制备。采用阳离子交换法来制备荧光粉 K_2TiF_6:Mn^{4+}。称取 K_2TiF_6 原料 6g 加入含有 0.31g K_2MnF_6 和 25mL HF 的混合溶液,该混合液经磁力搅拌 2h 后得到橙黄色沉淀,然后用无水乙醇将该产物洗涤 3 次,用离心机离心收集,再放入 70℃的真空干燥箱干燥 3h 后获得 K_2TiF_6:Mn^{4+}红色荧光粉。

(4) K_2SiF_6:Mn^{4+}发光性能的劣化、修复流程。将 31.52g $H_2C_2O_4 \cdot 2H_2O$ 溶解于含有 100mL 去离子水的 250mL 塑料烧杯中,然后将此混合溶液转移到校准过的 500mL 容量瓶中,用去离子水稀释至刻度,然后摇匀,得到 0.5mol/L 草酸溶液,以满足后续实验的需要。称取 1.0g K_2SiF_6:Mn^{4+}加入装有 10mL 去离子水的 50mL 离心管中,室温剧烈搅拌 10min。随后,将不同体积的修复改性剂溶液即草酸溶液快速滴入上述溶液中,在连续搅拌 1h 后充分混合。修复后的 K_2SiF_6:Mn^{4+}(R-KSFM)红色荧光粉用乙醇洗涤多次,在 70℃干燥 3~5h 后得到。除劣化时间为 3min、修复时间为 10h 外,处理 K_2TiF_6:Mn^{4+}的方法与 K_2SiF_6:Mn^{4+}的一样。样品在室温下浸泡于去离子水中用于表征湿度稳定性。

6.2 修复改性机理

以 K_2SiF_6:Mn^{4+}荧光粉为例,图 6.1 呈现了该荧光粉的劣化、修复和耐湿性提高的过程。采用 ICP-AES 法检测到上清液中离子含量随劣化时间和修复时间的变化分别见表 6.1 和表 6.2。对于劣化过程,当 1.0g 的 K_2SiF_6:Mn^{4+}荧光粉加入

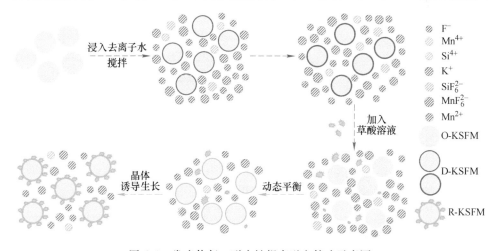

图 6.1 发光修复、耐水性提高逆向策略示意图

盛有 10mL 去离子水中时，它的表面会先释放少许 K^+、Si^{4+}、F^-、Mn^{4+}、SiF_6^{2-} 和 MnF_6^{2-} 到上清液。当上清液中的 K^+、Si^{4+}、F^-、Mn^{4+}、SiF_6^{2-} 和 MnF_6^{2-} 达到某一临界值时，荧光粉便开始发生水解作用，荧光粉的表面形成黑棕色包裹层，同时 $K_2SiF_6:Mn^{4+}$ 发光性能开始劣化。随浸水搅拌时间的延长，因水解生成于荧光粉表面黑棕色包裹层会越来越厚，该黑棕色包裹层的向内延伸速率会越来越慢，这是因为形成的黑棕色包裹层越厚对荧光粉内部水解作用的阻力越大。因而上清液中离子的含量会越来越少，直到水解动力趋向于稳定时不再发生变化，上清液中每种元素的含量将维持在某一常数值。如表 6.1 所示，当劣化时间超过 10min 时，上清液中 K、Si 和 Mn 元素的含量分别维持在 4.008mg、1.186mg 和 0.005mg 附近，基本不变。上述现象说明，当防水黑棕色包裹层开始工作时，$K_2SiF_6:Mn^{4+}$ 的劣化趋向于变慢，对应的结果是 $K_2SiF_6:Mn^{4+}$ 荧光粉的残留发射强度将维持不变。

表 6.1 ICP-AES 法测定不同劣化时间上清液中 K、Si、Mn 元素的含量

浸水时间	元素含量/mg		
	K	Si	Mn
10min	4.008	1.186	0.005
30min	3.909	1.166	0.004
1h	3.953	1.190	0.003
3h	3.880	1.182	0.004
5h	3.950	1.066	0.006

表 6.2 ICP-AES 法测定不同修复时间上清液中 K、Si、Mn 元素的含量

修复时间	元素含量/mg		
	K	Si	Mn
5min	16.104	5.570	0.870
10min	16.869	5.723	0.866
30min	17.127	5.781	1.011
45min	17.076	5.763	1.039
1h	16.658	5.767	1.068

修复过程中，添加作为修复改性剂的草酸溶液于上述提及的包含劣化样的溶液后，草酸先与 $K_2SiF_6:Mn^{4+}$ 表面形成的黑棕色产物反应去除该包裹层，同时释放 K、Si 和 Mn 元素到上清液内。因加入的草酸溶液与黑棕色包裹层的反应速率非常快，草酸溶液继而会与内部的 $K_2SiF_6:Mn^{4+}$ 颗粒发生反应。因此，修复 5min 后，上清液中 K、Si 和 Mn 元素的含量会在很短的时间内急剧上升，它们的含量明显高于劣化过程上清液中对应元素的含量。从表 6.2 可以看出，当修复时间低

于 30min 时，上清液中 K、Si 和 Mn 元素的含量逐渐增加。K、Si 和 Mn 元素的含量分别从 5min 时的 16.104mg、5.570mg 和 0.870mg 增加至 30min 时的 17.127mg、5.781mg 和 1.011mg。当时间从 30min 到 45min 时，上清液中每种元素含量发生微弱波动，这是因为反应动力学平衡的作用：一方面，剩下的草酸溶液与 $K_2SiF_6:Mn^{4+}$ 颗粒反应释放元素到上清液；另一方面，溶液中的 K、Si 和 F 元素将沉积到 $K_2SiF_6:Mn^{4+}$ 颗粒表面以形成 K_2SiF_6 保护层。K_2SiF_6 保护层一旦形成，晶种诱导生长的沉积方式将会开始，这将加速 K、Si 和 F 元素的沉积，意味着随修复时间的延长（到 1h），上清液中 K、Si 和 F 元素的含量将会下降。正如表 6.2 中所观察到的，K 和 Si 的含量分别从 17.127mg 和 5.781mg 降到 16.658mg 和 5.767mg。然而，草酸的存在将 $K_2SiF_6:Mn^{4+}$ 中的 Mn 还原为可溶解的低价 Mn 而留在上清液中，因此上清液中 Mn 的含量随修复时间的延长持续升高，从 0.870mg 升至 1.068mg。作为修复改性剂的草酸起到的作用是去除杂质、修复发光性能，同时形成了 K_2SiF_6 保护层来阻止荧光粉的劣化。

图 6.2 展示了未经任何处理的初始样 $K_2SiF_6:Mn^{4+}$（O-KSFM），浸水搅拌 10min 所得劣化样 $K_2SiF_6:Mn^{4+}$（D-KSFM）和经修复改性剂处理所得修复样 $K_2SiF_6:Mn^{4+}$（R-KSFM）在自然光和蓝光照射下粉体颜色的变化。自然光下，O-KSFM 粉体呈现黄色。随后，经浸水搅拌，荧光粉的粉体颜色由黄色变成了棕色，棕色包裹层的产生削弱了荧光粉的红光发射。加入草酸溶液后，荧光粉的粉体颜色从棕色迅速恢复至亮黄色。此现象说明草酸溶液的添加可以恢复劣化荧光粉的粉体颜色，而粉体的颜色又对荧光粉的发光强度起着很重要的影响。在蓝光激发下，O-KSFM 发射明亮的红光，浸水搅拌后所得 D-KSFM 发射微弱的红光，

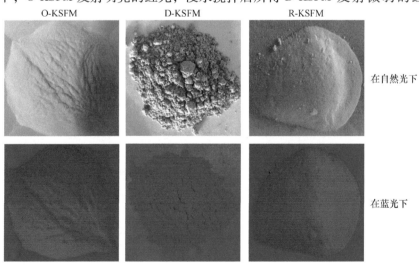

图 6.2 自然光和蓝光激发下 O-KSFM、D-KSFM 和 R-KSFM 荧光粉的粉体颜色照片

这说明 $K_2SiF_6:Mn^{4+}$ 荧光粉接触水分会对荧光粉的发光产生负面影响。通过用草酸溶液处理 D-KSFM 所获得的 R-KSFM 发射明亮的红光,它的发光亮度甚至高于 O-KSFM 样品,说明草酸溶液可以用来修复甚至提高劣化荧光粉的发光性能。

6.3 结构和形貌特征

图 6.3 给出了未经任何处理的 $K_2SiF_6:Mn^{4+}$(O-KSFM),浸水搅拌 10min 的劣化样(D-KSFM)和用 10mL 草酸处理修复 1h 后的修复样(R-KSFM)的 X 射线衍射(XRD)谱图。从图 6.3(a)可以看出,所得样品的所有衍射峰均与具有 $a=b=c=0.8134$nm 晶格参数和 $Fm\bar{3}m$ 空间群的 K_2SiF_6 立方相(JCPDS 75-

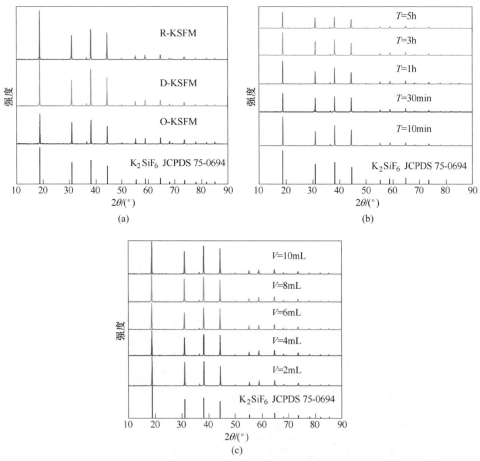

图 6.3 不同阶段 $K_2SiF_6:Mn^{4+}$ 样品的 XRD 图谱
(a) O-KSFM、D-KSFM 和 R-KSFM 样品;(b) 不同浸水搅拌时间下所得 D-KSFM 样品;
(c) 不同体积草酸溶液处理后所得 R-KSFM 样品

0694）相吻合[1]。不同浸水搅拌时间下的 D-KSFM 和不同草酸溶液体积处理下的 R-KSFM 样品的 XRD 图谱分别显示于图 6.3（b）和（c）中。在图 6.3（b）中没有检测到其他的衍射峰，这可能是由于 MnF_6^{2-} 水解生成的少量劣化产物不能用 XRD 图谱区别出来。从图 6.3（c）可以看出，不同体积草酸溶液的作用不会改变荧光粉自身的晶体结构，这很大可能归因于黑棕色包裹层被草酸溶液去除后沉积的保护层就是 K_2SiF_6。

为验证该方法的普适性，对劣化的 $K_2TiF_6:Mn^{4+}$（D-KTFM）荧光粉进行同样处理。图 6.4（a）给出了未经任何处理初始样 $K_2TiF_6:Mn^{4+}$（O-KTFM）、浸水搅拌 3min 所得劣化样 D-KTFM、用 6mL 草酸溶液处理 10h 所得修复样 $K_2TiF_6:Mn^{4+}$（R-KTFM）的 XRD 谱图。这些 XRD 谱图与 K_2TiF_6 标准卡片（JCPDS 08-0488）一致，都没有发现杂质峰。为了进一步确定劣化程度和修复改性剂用量对晶体结构的影响，相关实验的 XRD 谱图如图 6.4（b）和（c）所示，由图可知，这些

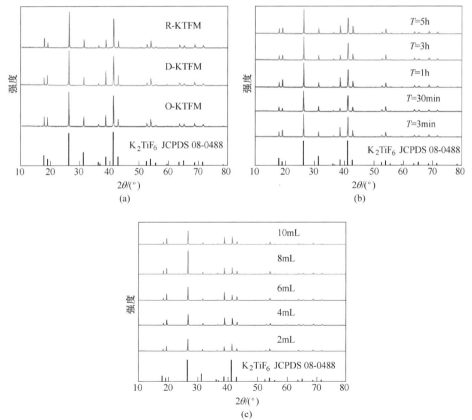

图 6.4 不同阶段 $K_2TiF_6:Mn^{4+}$ 样品的 XRD 图谱

(a) O-KTFM、D-KTFM 和 D-KTFM 样品；(b) D-KTFM 在水中搅拌不同时间后；

(c) R-KTFM 经不同体积草酸溶液处理后

样品的衍射峰均与 K_2TiF_6 一致，因此进一步证实了劣化程度和修复改性剂用量对 K_2TiF_6 晶体结构没有明显的影响。

形貌通常在荧光粉的实际应用中扮演重要的角色。图 6.5 给出了 O-KSFM、D-KSFM 和 R-KSFM 样品的扫描电子显微镜（SEM）图。图 6.5 中的 SEM 图都是类似立方体形貌。正如图 6.5（a）所观察到的，一些细小且不规则的颗粒存在于 O-KSFM 大颗粒的表面，由于小颗粒的高缺陷和分散性使得荧光粉的发光强度在某种程度上会降低[2]。与 O-KSFM 相比，D-KSFM 的平均颗粒尺寸变大但结晶性变差，这可能是由于氟化物荧光粉水解产生的锰氧化物和氢氧化物沉积在氟化物荧光粉颗粒表面所致[3]。在修复过程中，草酸溶液与黑棕色包裹层反应去除了荧光粉颗粒的包裹层，并且更多地与细小颗粒反应，因为细小颗粒的比表面能比大颗粒的要高，所以粒度分布变得更窄。另外，K_2SiF_6 的沉积也降低了样品的表面缺陷，如图 6.5（c）所示。这些原因使得 R-KSFM 样品的发射强度高于 O-KSFM 和 D-KSFM 样品。

(a)   (b)   (c)

图 6.5   不同阶段 $K_2SiF_6:Mn^{4+}$ 样品的 SEM 图
(a) O-KSFM；(b) D-KSFM；(c) R-KSFM

6.4   光致发光特性

图 6.6 给出了 $K_2SiF_6:Mn^{4+}$ 荧光粉在不同浸水搅拌时间下，劣化样的光致发光光谱。从图 6.6（a）可以看出，$K_2SiF_6:Mn^{4+}$ 荧光粉的发射强度随浸水搅拌劣化时间的延长而降低，且衰减速度由快变慢。为了解发射强度的下降趋势，图 6.6（b）给出了对应归一化积分发射强度，当水浸搅拌劣化时间低于 10min 时，$K_2SiF_6:Mn^{4+}$ 荧光粉的发射强度急剧下降。水浸搅拌劣化 10min，所得 D-KSFM 的发光强度还剩初始发光强度的 54.47%，表明 $K_2SiF_6:Mn^{4+}$ 荧光粉的劣化速率非常快。劣化时间超过 10min 时，样品发射强度的下降趋势明显减缓。当时间超过 120min 时，样品发射强度的下降速率基本保持不变，其归一化积分发射强度基本保持在初始发光强度的 20% 左右。为缩短实验周期，同时考虑到 10min 时样品已经劣化明显，所以后续实验选择 10min 为 $K_2SiF_6:Mn^{4+}$ 荧光粉的浸水搅拌劣化时间。

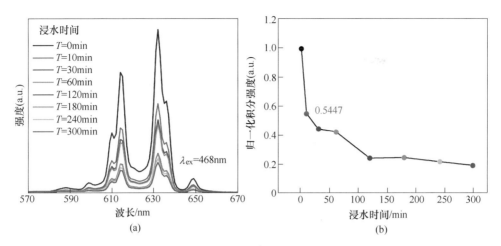

图 6.6 劣化 $K_2SiF:Mn^{4+}$ 荧光粉的发光性质

(a) 不同浸水搅拌劣化时间下在 570~670nm 范围内的发射光谱;
(b) 积分发射强度随劣化时间的变化 (0~300min)

图 6.7 (a) 为 $K_2TiF_6:Mn^{4+}$ 荧光粉在不同浸水搅拌时间下的发射光谱图。当水浸时间小于 3min 时,$K_2TiF_6:Mn^{4+}$ 的发射强度急剧下降,且随着水浸时间的延长,发光强度的下降趋势趋于平缓。如图 6.7 (b) 所示,样品在水中浸泡 3min 后,其发光强度仅为 O-KTFM 的 17.29%,这时 $K_2TiF_6:Mn^{4+}$ 已几乎完全发生劣化。当浸泡时间超过 3min 时,发光强度仅从 17.29% 下降到 5.2%。因此,后续实验选择 3min 作为 $K_2TiF_6:Mn^{4+}$ 荧光粉的劣化时间。图 6.7 (b) 中的插图给出了自然光照下 O-KTFM 和浸水搅拌 3min 所得 D-KTFM 的照片。从图中可以看出,

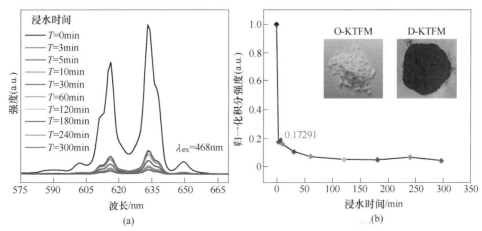

图 6.7 劣化 $K_2TiF:Mn^{4+}$ 荧光粉的发光性质

(a) 不同浸水搅拌时间下的发射光谱;(b) 对应的归一化积分发射强度变化

与O-KTFM的粉体颜色相比，D-KTFM的粉体颜色明显变黑，这说明$K_2TiF_6:Mn^{4+}$对水分极为敏感。值得注意的是，$K_2TiF_6:Mn^{4+}$的耐水性明显低于$K_2SiF_6:Mn^{4+}$，这与文献报道一致[4,5]。

通过比较图6.8中O-KSFM、D-KSFM和R-KSFM的光致激发、发射和漫反射光谱可以发现，D-KSFM和R-KSFM的光谱线形状和峰位与O-KSFM的相同，这说明，经劣化、修复后，样品的发光仍然来自Mn^{4+}。在632nm波长监测下，320~520nm范围内可以观察到两个宽激发带，激发峰分别在357nm和468nm处，如图6.8（a）所示，它们分别来自Mn^{4+}自旋允许的$^4A_{2g} \rightarrow {}^4T_{1g}$和$^4A_{2g} \rightarrow {}^4T_{2g}$电子跃迁。此外，漫反射光谱观察到的两个宽吸收带与激发光谱中的两个宽激发带所处位置一致，如图6.8（c）所示。460nm左右的吸收带强度最强，这与蓝光芯片的发射完全吻合，表明R-KSFM红色荧光粉可以应用在WLED中。在468nm蓝光激发下，发射光谱在550~675nm范围内观察到一组窄带发射光谱线，如图

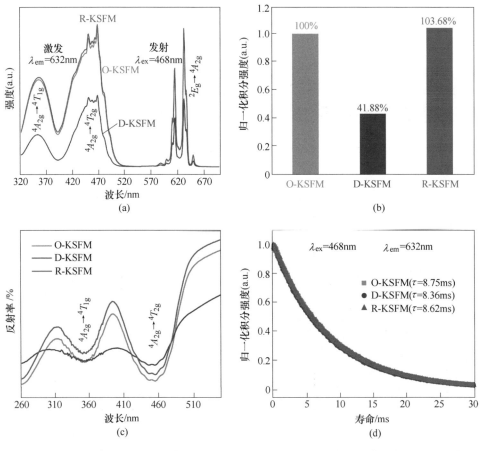

图6.8 468nm激发和632nm监测下，O-KSFM、D-KSFM和R-KSFM荧光粉的发光性能
（a）激发、发射光谱（320~670nm）；（b）归一化积分强度；（c）紫外-可见漫反射光谱；（d）荧光衰减图

6.8（a）所示，这是由与［MnF$_6$］$^{2-}$八面体的振动模式相关的Mn^{4+}自旋禁戒的$^2E_g \rightarrow {^4A_{2g}}$跃迁所引起[6]。图6.8（b）给出了O-KSFM、D-KSFM和R-KSFM样品的积分发射强度。D-KSFM的发射强度低于O-KSFM的原因是水解形成的黑棕色包裹层对光线有较强的吸收，且因荧光粉表面锰氧化物和氢氧化物的生成使得有效发光Mn^{4+}浓度降低[7]。经草酸溶液反应去除黑棕色包裹层后，D-KSFM样品的发光得到修复。图6.8（b）中R-KSFM的发射强度（103.68%）略高于O-KSFM，这得益于荧光粉表面缺陷和细小颗粒的减少，该结果与图6.5中SEM分析结果一致。图6.8（d）描述了在632nm监测、468nm激发下，O-KSFM、D-KSFM和R-KSFM样品的发光衰减特性。采用单指数衰减模型[8]来拟合荧光衰减时间，O-KSFM、D-KSFM和R-KSFM拟合的荧光寿命分别为8.75ms、8.36ms和8.62ms。显然，R-KSFM的荧光寿命接近O-KSFM，但D-KSFM的寿命低于O-KSFM。D-KSFM寿命的缩短可以归因于锰氧化物和氢氧化物包裹层的产生使Mn^{4+}的局部含量增加，从而导致Mn^{4+}离子之间非辐射能量迁移的概率增加。修复样的寿命之所以长于劣化样，其原因源于两个方面：一方面，草酸溶液反应除去荧光粉颗粒表面的锰氧化物和氢氧化物包裹层，使Mn^{4+}的局部浓度降低[9]；另一方面，K$_2$SiF$_6$沉积在K$_2$SiF$_6$:Mn^{4+}表面也导致Mn^{4+}浓度下降。R-KSFM的寿命与O-KSFM的基本相同，这说明在发光强度修复的同时，修复过程对K$_2$SiF$_6$:Mn^{4+}荧光粉的寿命不会产生明显影响。这些结果证实草酸溶液确实可以修复因潮湿引起发光劣化荧光粉的发光性能，同时，修复样的发光强度可能比未进行任何后续处理的初始样的更好。

图6.9（a）给出了未经任何处理初始样K$_2$TiF$_6$:Mn^{4+}（O-KTFM）、经浸水搅拌劣化所得劣化样K$_2$TiF$_6$:Mn^{4+}（D-KTFM）和经草酸溶液处理所得修复样K$_2$TiF$_6$:Mn^{4+}

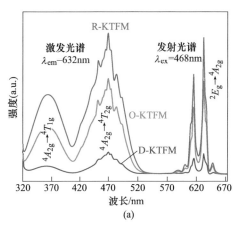
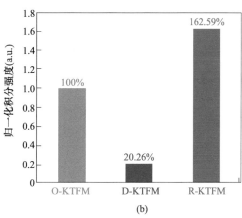

图6.9　O-KTFM、D-KTFM和R-KTFM荧光粉的发光性质
（a）激发和发射光谱；（b）对应的归一化发射强度（320~670nm）

(R-KTFM)的激发和发射光谱,图6.9(b)为对应的归一化发射强度(320~670nm)。$^4A_{2g}\rightarrow{}^4T_{1g}$和$^4A_{2g}\rightarrow{}^4T_{2g}$跃迁分别在360nm和468nm处产生两个宽带[10]。在468nm激发下,由于Mn^{4+}的$^2E_g\rightarrow{}^4A_{2g}$跃迁是自旋禁戒,在550~675nm的波长范围内观察到几个窄带,其中最强的峰位于632nm处。发射和激发峰的形状和位置几乎没有变化,而R-KTFM的强度明显高于D-KTFM和O-KTFM。从图6.9(b)可以看出,以O-KTFM的发光强度为标准,D-KTFM的发光强度仅为20.26%,而R-KTFM的发光强度可以修复至O-KTFM初始样的162.59%。这些结果表明,D-KTFM荧光粉的修复效果非常显著。

6.5 热猝灭特性

一般来说,在WLED照明应用中,由于InGaN基蓝色LED芯片的工作温度可以达到约423K(150℃),因此对荧光粉的温度依赖性发光行为进行评估是必要的。在468nm激发下,O-KSFM和R-KSFM在298~473K范围内的温度依赖性发射光谱如图6.10(a)和(b)所示,在整个升温过程中可以观察到发射带的轻微红移和加宽,这些样品的整体变化趋势大致相同。为进一步探索O-KSFM和R-KSFM荧光粉之间的细微差别,图6.10(c)给出了632nm处发光强度随温度的变化,图6.10(d)给出了550~675nm波长范围内归一化积分发射强度随温度的变化趋势。各样品的发射峰强度随温度的升高先增大后减小。当温度升高到423K时,R-KSFM和O-KSFM的发射峰值强度分别升高到298K时初始强度的143.70%和133.33%。473K下,R-KSFM和O-KSFM的值分别为120%和108.19%,这说明R-KSFM荧光粉比O-KSFM具有更好的耐热性能。此外,298~473K温度范围内R-KSFM的归一化积分发射强度总是大于O-KSFM,这是因为修复过程可以减少颗粒表面缺陷和比表面积较大的细小颗粒,而且K_2SiF_6保护层可以防止能量转移到表面缺陷态,抑制内部发光中心Mn^{4+}在空气中高温氧化[11]。表6.3列出了不同包覆剂改性的$K_2SiF_6:Mn^{4+}$或$K_2TiF_6:Mn^{4+}$及本章研究所做样品的耐热性能。与其他报道相比,R-KSFM荧光粉在高温下表现出较好的耐热性能。R-KSFM在423K时的相对发光强保持在初始发光强度的111.9%,这比保持在106.7%的O-KSFM要好。上述结果表明,R-KSFM荧光粉具有良好的耐热性能,可以满足大功率照明应用的要求。

除了R-KSFM荧光粉的耐热性能,还对其色稳定性做了研究。色偏移(ΔE)是定量评价荧光粉颜色稳定性的重要参数,由298~473K的色度变化(ΔE)可由式(6.2)计算:

$$\Delta E = \sqrt{(u'_t - u'_0)^2 + (v'_t - v'_0)^2 + (w'_t - w'_0)^2} \tag{6.2}$$

其中

$$u' = 4x/(3 - 2x + 12y), v' = 9y/(3 - 2x + 12y), w' = 1 - u' - v'$$

式中，u'，v' 为 $u'v'$ 均匀色度空间的色度坐标；x，y 为 CIE 1931 色度空间的色度坐标；下角 0，t 分别表示 298K 和给定温度下的色度位移。

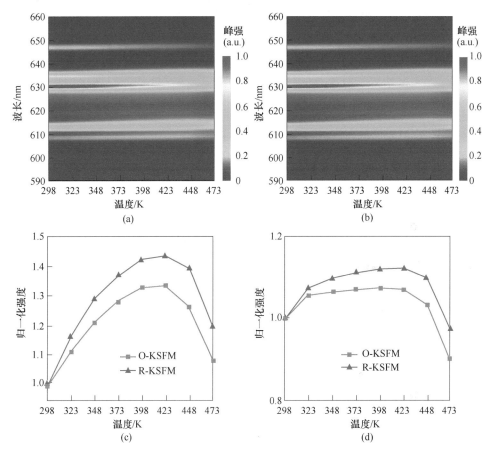

图 6.10 O-KSFM 和 R-KSFM 样品在 298~473K 温度范围内随温度变化的光谱性质
(a) O-KSFM 温度依赖发射光谱；(b) R-KSFM 的温度依赖发射光谱；
(c) 在 632nm 处的发射强度变化；(d) 在 550~675nm 内发射光谱的归一化积分强度

表 6.3 不同包覆剂改性的 KSFM 或 KTFM 的耐热性能

改性的 KSFM 或 KTFM	耐热性能（相对于初始值）	参考文献
KSFM-MOPAl	523K 时为 100%，而 KSFM 为 94%	[12]
KSFM-OA	473K 时为 80%	[11]
OD-KTFM	423K 时为 107.9%，而 KSFM 为 106.0%	[13]
WR-KSFM	420K 时为 103%，500K 为 70%，而 KSFM 分别为 92%和 62%	[3]
KTFM@KTF	423K 时为 103%，而 KTF 为 98%	[14]
R-KSFM	423K 时为 111.9%，而 KSFM 为 106.7%	本书

如图 6.11（a）所示，随着温度的升高，R-KSFM 的色度变化与商品 K_2SiT_6:Mn^{4+}（C-KSFM）基本重合，在 473K 时约为 $2.7×10^{-2}$。如图 6.11（b）所示，C-KSFM 和 R-KSFM 在不同温度下的 CIE 色度坐标均在红色区域，当温度从 298K 上升到 473K 时，C-KSFM 和 R-KSFM 的 CIE 色度坐标分别从（0.6930，0.3069）和（0.6932，0.3067）移动到（0.6832，0.3167）和（0.6832，0.3166）。这些荧光粉的轻微色度变化是由于 Mn^{4+} 的红光发射峰变宽和微小的位移造成的。综上所述，R-KSFM 荧光粉在 WLED 器件中可以与 C-KSFM 的颜色保持一致，表明 R-KSFM 表现出良好的色稳定性。

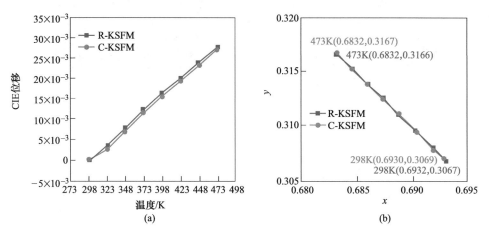

图 6.11　298~473K 温度范围内，O-KSFM 和 R-KSFM 荧光粉的色稳定性
（a）色偏移；（b）对应的 CIE 色坐标的变化

6.6　元素组成

K_2SiF_6:Mn^{4+} 荧光粉表面形成的 K_2SiF_6 保护层和少量残留在 K_2SiF_6:Mn^{4+} 荧光粉上的草酸可以从 XPS 测量的元素组成中推断出来。O-KSFM、D-KSFM 和 R-KSFM 的 XPS 光谱如图 6.12（a）所示，对应元素的平均原子含量见表 6.4。锰元素含量在 D-KSFM 中的占比明显高于 O-KSFM 和 R-KSFM，这是由于锰氧化物和氢氧化物黑棕色包裹层的产生所致。R-KSFM 荧光粉中 C 元素的占比（16.75%）显著高于 O-KSFM 中的 11.07% 和 D-KSFM 的 10.63%，这源于可能残留在 K_2SiF_6:Mn^{4+} 荧光粉上的草酸。图 6.12（b）~（d）分别给出了 O-KSFM、D-KSFM 和 R-KSFM 的 Mn 2p 的高分辨率 XPS 谱图。D-KSFM 检测到的 Mn 信号明显强于 O-KSFM，这与上述结果一致。在 R-KSFM 样品中几乎检测不到 Mn 的信号如图 6.12（d）所示，这是因为 XPS 只有 4~6nm 的穿透深度和 0.1% 的检出限，而 K_2SiF_6:Mn^{4+} 荧光粉颗粒表面形成了均匀的 K_2SiF_6 保护层[15]，所以信号微弱。形

成的 K_2SiF_6 保护层和存在的草酸都对 R-KSFM 荧光粉显著的耐湿性起着重要作用。图 6.13 展示了 O-KSFM、D-KSFM 和 R-KSFM 的傅里叶变换红外光谱,这三种荧光粉在 450~1000cm^{-1} 区间内都检测到了由 SiF_6^{2-} 中 Si—F 键的弯曲和伸缩振动的特征吸收带[16]。值得注意的是,分别在 R-KSFM 样品的 1200~1850cm^{-1} 波段和 3437cm^{-1} 处还观察到了几个微弱的宽带和一个较强的宽带。K_2SiF_6:Mn^{4+} 和 K_2TiF_6:Mn^{4+} 荧光粉在水中浸泡可以达到水解平衡,对应的 pH 值在 3~4 之间[7]。因此,1200~1850cm^{-1} 波段的吸收带可以归结为 C=O、C—OH、C=OOH 的振动,以及残余草酸中 C=OO 的对称和非对称伸缩振动[17]。位于 3437cm^{-1} 左右的宽峰来源于残留草酸中—COOH 基团内和不可避免的少量 H$_2$O 分子中 O—H 基团的对称伸缩振动[16,18]。

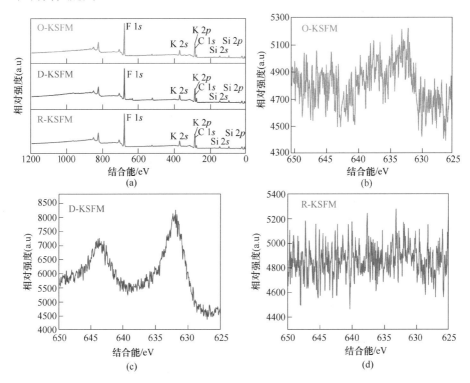

图 6.12　O-KSFM、D-KSFM 和 R-KSFM 的元素组成

（a）X 射线光电子能谱；（b）~（d）分别为 O-KSFM、D-KSFM 和 R-KSFM 的高分辨率 Mn 2p 谱

表 6.4　**XPS 中 K、Si、F、Mn、C 元素的平均原子含量**　　　　（%）

元素	K 2p	Si 2p	F 1s	Mn 2p	C 1s
O-KSFM	19.21	8.7	57.2	0.41	11.07
D-KSFM	23.19	8.82	48.51	2.06	10.63
R-KSFM	13.65	9.29	56.86	0.26	16.75

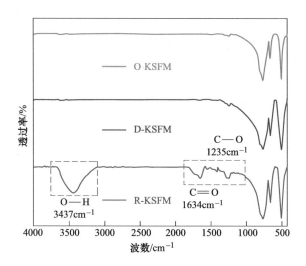

图 6.13　O-KSFM、D-KSFM 和 R-KSFM 的傅里叶变换红外光谱

6.7　耐水性能

由于对水汽极其敏感，Mn^{4+} 掺杂氟化物红色荧光粉的耐水性能在实际应用中已成为重要的评价指标。因此，在室温下分别将 $0.4g K_2SiF_6:Mn^{4+}$（商品 $K_2SiF_6:Mn^{4+}$ C-KSFM、R-KSFM）和 $K_2TiF_6:Mn^{4+}$（O-KTFM、R-KTFM）荧光粉浸泡在 3mL 去离子水中进行水浸老化试验（见图 6.14）来评价其耐水性。如图 6.14（a）所示，当 C-KSFM 荧光粉放入去离子水后，粉体颜色在自然光下迅速变为深褐色，而 R-KSFM 始终保持黄色。在蓝光照射下，在浸泡时间从 10min 延长至 300min 过程中，C-KSFM 的红光发光亮度急剧下降，而 R-KSFM 仍然保持着较高的发光亮度。从图 6.14（b）可以看出，当浸泡时间为 300min 时，R-KSFM 的积分发射强度保持在原始 R-KSFM 样品的 62.3%，而 C-KSFM 仅剩其初始 C-KSFM 的 33.2%。上述结果表明，R-KSFM 具有较为优异的耐湿性。

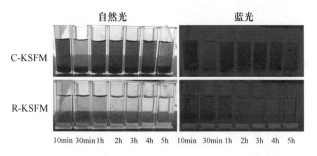

(a)

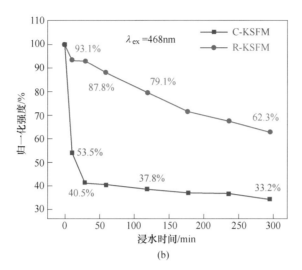

图 6.14 C-KSFM 和 R-KSFM 在不同浸水时间（0~300min）后的粉体颜色和发射强度
(a) 自然光和蓝光激发下的图像；(b) 发射强度变化

同样，在水中浸泡不同时间后，O-KTFM 和 R-KTFM 在自然光和蓝光下的图像如图 6.15 (a) 所示。随着浸水时间从 0min 延长到 300min，在自然光下 O-KTFM 的粉体颜色逐渐变黑，在蓝光激发下粉体颜色由亮红色逐渐变为暗红色；而 R-KTFM 在自然光和蓝光激发下，粉体颜色始终保持亮黄色和亮红色。图 6.15 (b) 为不同浸水时间下 O-KTFM 和 R-KTFM 相对发光强度的变化，其中 O-KTFM 样品在水中浸泡 10min 后，其相对发射强度迅速下降至原始样品的 19.47%，但 R-KTFM 仍保持在 82.94%。在水中浸泡 300min 时，R-KTFM 的相对发射强度为 62.81%，远远高于 O-KTFM。上述结果表明，草酸溶液作为修复改进剂，$K_2TiF_6:Mn^{4+}$ 荧光粉的耐湿性得到了明显的改善，进一步证实了该反向修复改性策略的普遍适用性。与文献数据相比（见表 6.5），本章得到的 R-KSFM 和 R-KTFM 抗湿性能也十分优异。

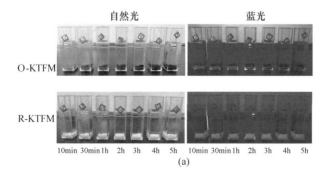

(a)

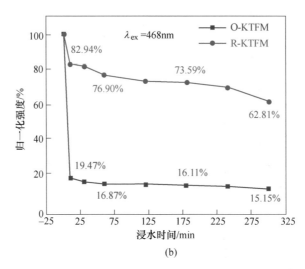

(b)

图 6.15　O-KTFM 和 R-KTFM 在水中浸泡不同时间（0~300min）后的粉体颜色和发射强度
(a) 在自然光和蓝光下的图像；(b) 发射强度变化

表 6.5　不同改性 KSFM 或 KTFM 浸水后的发光强度

改性的 KSFM 或 KTFM	对水稳定性（相对于初始值）	参考文献
KSFM-MOPAl	10min, 30min 和 60min 后，分别为 100%，80% 和 50%；而 KSFM 为 50%，40% 和 9%	[12]
KSFM-OA	4h 后，KSFM 仅有 KSFM-OA 的 4%	[11]
OD-KTFM	30min 后为 83.9%，而 KTFM 为 43.7%	[13]
WR-KSFM	6h 后为 76%，而 KSFM 为 11%	[3]
KTFM@KTF	比 KTFM 高得多	[14]
R-KSFM	5h 后为 62.3%，而有包覆层的 C-KSFM 仅为 33.2%	本书
R-KTFM	5h 后为 62.81%，而 KTFM 为 15.15%	本书

6.8　电致发光性能

为研究 R-KSFM 红色荧光粉的实际应用前景，将获得的 R-KSFM 红色荧光粉、商用 YAG:Ce^{3+} 黄色荧光粉和蓝色 InGaN 芯片（约为 450nm）组合在一起制得了 3 个 WLED。只用 YAG:Ce^{3+} 制得了 WLED-Ⅰ，不同质量比的 YAG:Ce^{3+} 和 R-KSFM 制得了 WLED-Ⅱ 和 WLED-Ⅲ。WLED-Ⅱ 和 WLED-Ⅲ 中 YAG:Ce^{3+} 和 R-KSFM 的质量比分别是 1:3 和 1:5。在 20mA 电流驱动下，WLED-Ⅰ、WLED-Ⅱ 和 WLED-Ⅲ 的电致发光（EL）光谱和相应的发光照片如图 6.16（a）~（c）所

示。在不添加 R-KSFM 红色荧光粉的情况下,由于 YAG:Ce^{3+} 黄色荧光粉在红光区域发射的缺失,WLED-Ⅰ器件发射出人眼可感知的冷白光,其具有 5526K 的高色温(CCT)和 Ra=69.3 的低显色指数(Ra)。将 R-KSFM 红色荧光粉加入后,在 WLED-Ⅱ 和 WLED-Ⅲ 的电致发光光谱中可以看到红光发射,这与图 6.8(a)的发射光谱一致,表明作为红色荧光粉的 R-KSFM 可以被 InGaN 蓝光 LED 芯片有效激发。随着 R-KSFM 红色荧光粉用量的增加,WLED 器件的 CCT 从 5626K 下降到 2892K,Ra 值从 69.3 增加到 90.4,R_9 从-36.2 显著提升至 94.2,白光由冷变暖。尽管 R-KSFM 红色荧光粉的添加会使 WLED 器件的发光效率有略微的下降,从 209.16lm/W 降至 183.31lm/W。但仍然保持在非常高的水平,如图 6.16(d)所示,在 CIE1931 色度图中,WLED-Ⅰ、WLED-Ⅱ和 WLED-Ⅲ器件的 CIE 色坐标分别为(0.3295,0.3507)、(0.3943,0.3895)和(0.4441,0.4052),它们位于或接近黑体辐射曲线,并从冷白光区域向暖白光区域转移。表 6.6 总结了

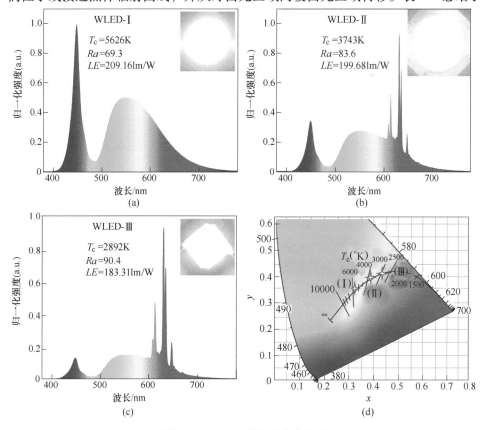

图 6.16 WLED 的电致发光性质

(a)~(c)WLED-Ⅰ、WLED-Ⅱ、WLED-Ⅲ的电致发光光谱和图像;
(d)对应的 1931 CIE 颜色空间内的色坐标

表 6.6 不同 WLED 的光电参数

组合	相对色温 /K	流明效率 /lm·W^{-1}	Ra	R_9	驱动电流/mA	(x, y)	参考文献
YAG:Ce^{3+} 和 KSFM-MOPAl	3766	79	86	93	200	(0.3995, 0.4091)	[12]
YAG:Ce^{3+} 和 KSFM:Mn^{4+}-OA	6000		86		60	(0.3168, 0.3141)	[11]
YAG:Ce^{3+} 和 OD-KTFM	2736	100.6	87.3	80.6	300	(0.4581, 0.4121)	[13]
YAG:Ce^{3+} 和 WR-KSFM	5398	96	80.5	63.8	20	(0.3339, 0.3093)	[3]
YAG:Ce^{3+} 和 KTFM:Mn^{4+}@KTF	3510	162	93	75	60	(0.3940, 0.3790)	[14]
YAG:Ce^{3+} 和 KTFM:Mn^{4+}@KTF	3358	190	94	77	20	(0.4126, 0.3923)	[14]
YAG:Ce^{3+} 和 R-KSFM	3743	199.68	83.6	57.3	20	(0.3943, 0.3895)	本书 WLED-Ⅱ
YAG:Ce^{3+} 和 R-KSFM	2892	183.31	90.4	94.2	20	(0.4441, 0.4052)	本书 WLED-Ⅲ

文献报道和本节研究工作获得的不同 WLED 的一些光电参数。与其他报道相比，添加了 R-KSFM 红色荧光粉的 WLED 也表现出优异的发光性能。以上结果表明，R-KSFM 在降低色温、提高显色指数方面具有显著作用，可以作为一种有效的红色荧光粉应用于 WLED 器件中。

6.9 结　　论

本章成功开发了一种反向修复改性策略来修复几乎已完全丧失发光能力的 Mn^{4+} 掺杂氟化物荧光粉的发光性能，同时提高其耐湿性，并通过 ICP、XPS 和 FT-IR 对荧光粉的发光劣化、修复及耐水性提高机理做了解析。通过室温激发发射光谱、变温光谱及荧光衰减曲线对修复荧光粉的光学特性进行探究。同时，对所得 R-KSFM 和 R-KTFM 做了水浸老化对比实验，并将其封装成了 WLED 器件，得出如下结论：

（1）在元素分析的基础上，提出了劣化、修复和改性的机理。当 K$_2$SiF$_6$:Mn^{4+} 浸在去离子水中时，表面形成了一层黑棕色包裹层，劣化了发光性能。修复改性剂加入后，快速去除包裹层修复发光性能，继而形成 K$_2$SiF$_6$ 包覆层，起到防止荧光粉劣化的作用。

（2）无论是劣化荧光粉，还是修复荧光粉，它们的 XRD 晶体结构保持不变，可能是杂质含量较低难以检测出来。修复荧光粉 R-KSFM 样品颗粒粒度分布更窄，发光光谱谱形没有明显改变。发光中心依旧是 Mn^{4+}。R-KSFM 发射强度可达到 O-KSFM 的 103.68%，而 R-KTFM 可达到 O-KTFM 的 162.59%。

（3）R-KSFM 具有比 O-KSFM 更优的耐热性能，423K 时，保持初始发光强度的111.9%,色坐标位移很小。

(4) 水浸老化实验表明,R-KSFM荧光粉表现出优异的抗湿性能,在水中浸泡300min后,其发光强度仍保持初始发光强度的62.3%,而C-KSFM只剩33.2%。同样的策略应用在耐湿性更差的$K_2TiF_6:Mn^{4+}$上,在去离子水中浸泡300min后,其相对发射强度仍还有初始强度的62.81%。

(5) 将R-KSFM加入WLED器件,WLED器件的色温从5626K下降到2892K,Ra和R_9值分别从69.3、-36.2显著增加到90.4、94.2,同时发射的光由冷白光变为暖白光,其发光效率可以保持在183.31lm/W。

参 考 文 献

[1] Kim M, Park W B, Bang B, et al. Radiative and non-radiative decay rate of $K_2SiF_6:Mn^{4+}$ phosphors [J]. Journal of Materials Chemistry C, 2015, 3: 5484~5489.

[2] Ntainjua E, Garcia T, Solsona B, et al. The influence of cerium to urea preparation ratio of nanocrystalline ceria catalysts for the total oxidation of naphthalene [J]. Catalysis today, 2008, 137: 373~378.

[3] Huang L, Liu Y, Yu J, et al. Highly Stable $K_2SiF_6:Mn^{4+}$ @ K_2SiF_6 composite phosphor with narrow red emission for white LEDs [J]. ACS Applied Materials & Interfaces, 2018, 10 (21): 18082~18092.

[4] Dong Q Z, Guo C J, He L, et al. Improving the moisture resistance and luminescent properties of $K_2TiF_6:Mn^{4+}$ by coating with CaF_2 [J]. Materials Research Bulletin, 2019, 115: 98~104.

[5] Fang M H, Hsu C S, Su C, et al. Integrated surface modification to enhance the luminescence properties of $K_2TiF_6:Mn^{4+}$ phosphor and its application in white-light-emitting diodes [J]. ACS Applied Materials & Interfaces, 2018, 10: 29233~29237.

[6] Liao C X, Cao R P, Ma Z J, et al. Synthesis of $K_2SiF_6:Mn^{4+}$ phosphor from SiO_2 powders via redox reaction in $HF/KMnO_4$ solution and their application in warm-white LED [J]. Journal of the American Ceramic Society, 2013, 96: 3552~3556.

[7] Zhou Y Y, Song E H, Deng T T, et al. Surface passivation toward highly stable Mn^{4+}-activated red-emitting fluoride phosphors and enhanced photostability for white LEDs [J]. Advanced Materials Interfaces, 2019, 6 (9): 1802006.

[8] Wei L L, Lin C C, Fang M H, et al. A low-temperature co-precipitation approach to synthesize fluoride phosphors $K_2MF_6:Mn^{4+}$ (M=Ge, Si) for white LED applications, Journal of Materials Chemistry C, 2015, 3: 1655~1660.

[9] Jiang C, Brik M G, Srivastava A M, et al. Significantly conquering moisture-induced luminescence quenching of red line-emitting phosphor $Rb_2SnF_6:Mn^{4+}$ through $H_2C_2O_4$ triggered particle surface reduction for blue converted warm white light-emitting diodes [J]. Journal of Materials Chemistry C, 2019, 7 (2): 247~255.

[10] Zhou Q, Tan H, Zhang Q, et al. Mn^{4+} doped fluorotitanate phosphors: synthesis, optical properties and application in LED devices [J]. RSC advances, 2017, 7: 32094-32099.

[11] Arunkumar P, Kim Y H, Kim H J, et al. Hydrophobic organic skin as a protective shield for moisture-sensitive phosphor-based optoelectronic devices [J]. ACS Applied Materials & Interfaces, 2017, 9: 7232~7240.

[12] Nguyen H D, Lin C C, Liu R S. Waterproof alkyl phosphate coated fluoride phosphors for optoelectronic materials [J]. Angewandte Chemie International Edition, 2015, 54: 10862~10866.

[13] Zhou Y Y, Song E H, Deng T T, et al. Waterproof narrow-band fluoride red phosphor K$_2$TiF$_6$: Mn^{4+} via facile superhydrophobic surface modification [J]. ACS Applied Materials & Interfaces, 2018, 10: 880~889.

[14] Huang D, Zhu H, Deng Z, et al. Moisture-resistant Mn^{4+}-doped core-shell-structured fluoride red phosphor exhibiting high luminous efficacy for warm white light-emitting diodes [J]. Angewandte Chemie International Edition, 2019, 58 (12): 3843~3847.

[15] Gupta B, Plummer C, Bisson I, et al. Plasma-induced graft polymerization of acrylic acid onto poly (ethylene terephthalate) films: characterization and human smooth muscle cell growth on grafted films [J]. Biomaterials, 2002, 23: 863~871.

[16] Liu Y X, Hu J X, Ju L C, et al. Hydrophobic surface modification toward highly stable K$_2$SiF$_6$: Mn^{4+} phosphor for white light-emitting diodes [J]. Ceramics International, 2020, 46 (7): 8811~8818.

[17] Berná A, Rodes A, Feliu J M. Oxalic acid adsorption and oxidation at platinum single crystal electrodes [J]. Journal of Electroanalytical Chemistry, 2004, 563: 49~62.

[18] Chaubey G, Susngi A, Das S, et al. Kinetic features of the oxidation of aliphatic dialdehydes by quinolinium dichromate [J]. Kinetics and Catalysis, 2002, 43: 789~793.

7 非HF法合成 $K_2TiF_6:Mn^{4+}$ 红色荧光粉

Mn^{4+}掺杂的氟化物红色荧光粉由于具有红光窄带发射、可被蓝光/近紫外光激发、色纯度高、制备简易的优点而备受关注。但目前制备Mn^{4+}掺杂的氟化物红色荧光粉的原料中基本都需用到高毒性的HF，因此需要改进合成方法，达到无剧毒HF绿色合成，以减轻制备过程给人体所带来的危害，并减小高浓度HF废水，使合成变得更为绿色。因此，在前人的研究基础上，本章尝试采用HCl、H_2SO_4、HNO_3、H_3PO_4及其混合酸替代HF对$K_2TiF_6:Mn^{4+}$荧光粉进行合成，并对荧光粉的相关性能进行分析，寻求出最合适的替代酸。

7.1 实验样品的制备

在不同酸（HCl、H_2SO_4、HNO_3、H_3PO_4、HNO_3/H_3PO_4）的条件下，采用水热合成法合成$K_2TiF_6:Mn^{4+}$荧光粉。实验制备流程如图7.1所示。

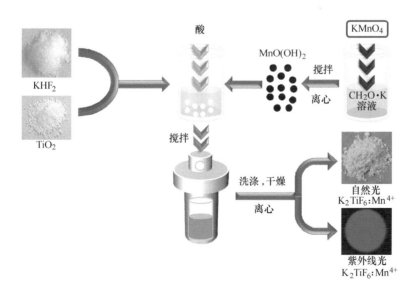

图7.1 实验流程图

7.1.1 $MnO(OH)_2$ 的制备

采用具有还原性的 $CH_2O \cdot K$ 溶液与强氧化性的 $KMnO_4$ 反应生成 $MnO(OH)_2$ 沉淀,反应原理如下:

$$2MnO_4^- + 3CHO_2^- + 3H_2O \longrightarrow 2MnO(OH)_2(s) + 3CO_2 + 5OH^-$$

按照化学计量比准确称量实验药品 $CH_2O \cdot K$、$KMnO_4$,将 $CH_2O \cdot K$ 固态药品溶于一定量的超纯水中配制成 $CH_2O \cdot K$ 溶液,将 $KMnO_4$ 加入 $CH_2O \cdot K$ 溶液中,搅拌 5~10min 使反应完全,将反应后得到的样品进行离心,离心速率为 2000r/min,倒去上清液再加入一定量的超纯水进行洗涤,然后再经离心,倒去上清液即得到 $MnO(OH)_2$。

7.1.2 $K_2TiF_6:Mn^{4+}$ 荧光粉的制备

不同酸及其比例对样品结构、形貌、发光性能等的影响实验:按照化学计量比将上述制备的 $MnO(OH)_2$ 及 TiO_2 和过量的 KHF_2(Ti/F 摩尔比为 1/46)加入 100mL 水热反应釜内的聚四氟乙烯杯中,然后分别加入 50mL 不同酸溶液,其中 H_3PO_4(85%,如无特殊说明,以下均为质量分数)/H_2O 体积比为 10mL/40mL 至 50mL/0mL、HNO_3(65%)/H_2O 体积比为 10mL/40mL 至 50mL/0mL、HCl(37%)/H_2O 体积比为 10mL/40mL 至 20mL/30mL、H_2SO_4(98%)/H_2O 体积比为 4mL/46mL 至 20mL/30mL、HNO_3(65%)/H_3PO_4(85%) 体积比为 10mL/40mL 至 40mL/10mL 的混合溶液至聚四氟乙烯杯中,在磁力搅拌器下搅拌 20min,搅拌结束后将反应釜装置组合好,放入 120℃ 的烘箱中保温 8h,待保温结束冷却到室温后,对样品进行离心、洗涤(离心转速为 3000r/min,洗涤溶液为 20% H_3PO_4 溶液),最后将样品放入 70℃ 烘箱中保温 12h,干燥后进行研磨,即得到在不同酸条件下合成的红色荧光粉。

不同 Ti/F 比对样品结构、形貌、发光性能等的影响实验:按照化学计量比将 $MnO(OH)_2$、TiO_2、KHF_2(Ti/F 摩尔比为 1/6~1/76)、50mL 酸溶液(HNO_3(65%)/H_3PO_4(85%) 体积比为 20mL/30mL)加入至 100mL 水热反应釜内的聚四氟乙烯杯中,在磁力搅拌器下搅拌 20min,搅拌结束后将反应釜装置组合好,在 120℃ 的烘箱中保温 8h,待保温结束冷却到室温后,对样品进行离心、洗涤(离心转速为 3000r/min,洗涤溶液为 20% H_3PO_4 溶液),最后将样品放入 70℃ 烘箱中保温 12h,干燥后进行研磨,即得到在不同 Ti/F 比条件下制备的红色荧光粉。

反应温度、反应时间对样品结构、形貌、发光性能等的影响实验:按照化学计量比将 $MnO(OH)_2$、TiO_2、过量的 KHF_2(Ti/F 摩尔比为 1/56)、50mL 酸溶液(HNO_3(65%)/H_3PO_4(85%) 体积比为 20mL/30mL)加入至 100mL 水热反应釜内的聚四氟乙烯杯中，在磁力搅拌器下搅拌20min，搅拌结束后将反应釜装置组合好，在60~140℃的烘箱中保温4~20h，待保温结束冷却到室温后，对样品进行离心、洗涤（离心转速为3000r/min，洗涤溶液为20% H_3PO_4 溶液），最后将样品放入70℃烘箱中保温12h，干燥后进行研磨，即得到在不同反应温度、反应时间条件下制备的红色荧光粉。

不同Mn离子掺杂浓度对样品结构、形貌、发光性能等性能的影响实验：按照化学计量比将 $MnO(OH)_2$、TiO_2、过量的 KHF_2（Ti/F摩尔比为1/56）、50mL酸溶液（HNO_3(65%)/H_3PO_4(85%) 体积比为20mL/30mL）加入至100mL水热反应釜内的聚四氟乙烯杯中，在磁力搅拌器下搅拌20min，搅拌结束后将反应釜装置组合好，放入80℃的烘箱中保温12h，待保温结束冷却到室温后，对样品进行离心、洗涤（离心转速为3000r/min，洗涤溶液为20% H_3PO_4 溶液），最后将样品放入70℃烘箱中保温12h，干燥后进行研磨，即得到一系列不同Mn离子掺杂浓度红色荧光粉。

7.2　HCl合成 K_2TiF_6:Mn^{4+} 荧光粉

前期研究表明，HF浓度的变化会对样品的物相和发光性能产生影响[1]。因此可研究通过控制HCl(37%)与 H_2O 的比例来调节盐酸溶液的浓度，进行样品合成，并通过对样品物相和发光性能分析确定出最佳的HCl与 H_2O 的比例。图7.2所示为不同HCl(37%)/H_2O 体积比合成下的 K_2TiF_6:Mn^{4+} 荧光粉的XRD图谱。

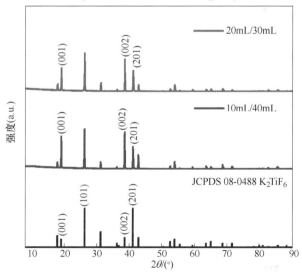

图7.2　不同HCl(37%)/H_2O 体积比合成的 K_2TiF_6:Mn^{4+} 荧光粉的XRD图谱

不同 HCl(37%)/H_2O 体积比下合成的 K_2TiF_6:Mn^{4+}荧光粉的 XRD 图谱均与 K_2TiF_6 的标准卡片（JCPDS 08-0488）相匹配，表明合成的样品均为单一相，Mn^{4+}的掺杂并未对 K_2TiF_6 的晶体结构产生明显影响，样品沿（002）晶面优先生长。

制备的样品在 200~500nm 激发下均无红光发射，该现象与文献 [2] 所报道的结果类似，因此认为样品不发光的原因也是由于氧化还原反应所引起的，即 $MnO(OH)_2$ 中具有氧化性的 Mn^{4+} 与具有还原性的 HCl 发生氧化还原反应，使 Mn^{4+} 被还原成 Mn^{2+}，导致合成的样品不发光。

7.3 H_2SO_4 合成 K_2TiF_6:Mn^{4+}荧光粉

7.3.1 K_2TiF_6:Mn^{4+}荧光粉的相结构

图 7.3 所示为不同 H_2SO_4(98%)/H_2O 体积比合成的 K_2TiF_6:Mn^{4+}荧光粉的 XRD 图谱。当 H_2SO_4/H_2O 体积比为 8mL/42mL、12mL/38mL、16mL/34mL 时所制备的样品的 XRD 图谱与 K_2TiF_6 标准卡片（JCPDS 08-0488）相一致，表明样品为 K_2TiF_6 纯相。当 H_2SO_4/H_2O 体积比为 4mL/46mL 和 20mL/30mL 时，样品的 XRD 图谱中有杂峰出现，杂峰的位置与 $KHSO_4$ 标准卡片（JCPDS 11-0649）中的三强峰位置相一致，表明样品中存在 $KHSO_4$ 杂相。因此，为了得到 K_2TiF_6 纯相，

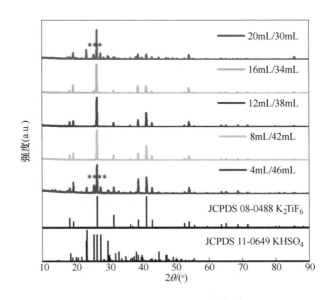

图 7.3 不同 H_2SO_4(98%)/H_2O 体积比合成的 K_2TiF_6:Mn^{4+}荧光粉的 XRD 图谱

H_2SO_4/H_2O 体积比应控制在 8mL/42mL 至 16mL/34ml 范围内,当 H_2SO_4/H_2O 体积比低于或高于此范围时易出现 $KHSO_4$ 杂相,不利于 K_2TiF_6 纯相的生成。

7.3.2 $K_2TiF_6:Mn^{4+}$ 荧光粉的发光性能

图 7.4 所示为不同 $H_2SO_4(98\%)/H_2O$ 体积比合成的 $K_2TiF_6:Mn^{4+}$ 荧光粉的发射光谱图。样品在 470nm 激发下发射峰位置位于 633nm 处,当 H_2SO_4/H_2O 体积比为 12mL/38mL 时样品发光最强。当 H_2SO_4/H_2O 体积比为 4mL/46mL 至 12mL/38mL 时,样品发光强度随着 H_2SO_4/H_2O 体积比的增加而逐渐增强,表明在此范围内 H_2SO_4/H_2O 体积比的增加有利于 Mn^{4+} 进入基质中从而导致发光强度增强。当 H_2SO_4/H_2O 体积比为 16mL/34mL 至 20mL/30mL 时,样品发光强度随 H_2SO_4/H_2O 体积比增大而迅速下降,主要是由于在此范围内合成的荧光粉中含有 $KHSO_4$ 杂相,杂相导致了荧光猝灭使得发光强度迅速下降。

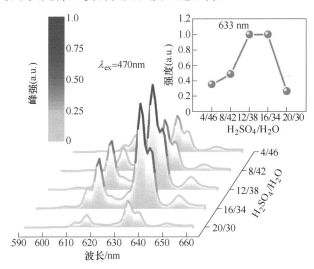

图 7.4 不同 $H_2SO_4(98\%)/H_2O$ 体积比合成的 $K_2TiF_6:Mn^{4+}$ 荧光粉的发射光谱图

7.4 HNO_3 合成 $K_2TiF_6:Mn^{4+}$ 荧光粉

7.4.1 $K_2TiF_6:Mn^{4+}$ 荧光粉的相结构

图 7.5 所示为不同 $HNO_3(65\%)/H_2O$ 体积比合成的 $K_2TiF_6:Mn^{4+}$ 荧光粉的 XRD 图谱。所有样品的 XRD 图谱中衍射峰的位置与 K_2TiF_6 标准卡片(JCPDS 08-0488)相一致,说明在不同 HNO_3/H_2O 体积比合成下的样品均为纯相。当 HNO_3/H_2O 体积比为 10mL/40mL、20mL/30mL 时样品沿

(101)晶面优先生长；当 HNO_3/H_2O 体积比在 30mL/20mL 至 50mL/0mL 之间时样品的生长则有所不同。

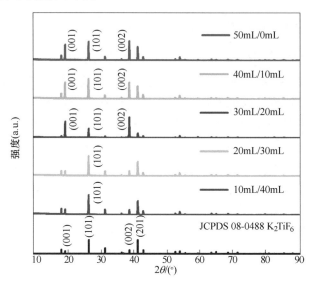

图 7.5　不同 HNO_3(65%)/H_2O 体积比合成的 $K_2TiF_6:Mn^{4+}$ 荧光粉的 XRD 图谱

7.4.2　$K_2TiF_6:Mn^{4+}$ 荧光粉的形貌

有报道表明，晶面的择优生长会对样品形貌产生影响[3~5]。如图 7.6 所示，当 HNO_3/H_2O 体积比为 10mL/40mL 和 20mL/30mL 时样品的形貌无规则，当 HNO_3/H_2O 体积比大于 20mL/30mL 时样品表面变得更加光滑，颗粒大小更加均一、分布更加均匀。从 XRD 谱图中可知，HNO_3/H_2O 体积比为 10mL/40mL、20mL/30mL 样品晶面优先生长的方向是一样的，对比形貌图两者之间并无很大差异；当 HNO_3/H_2O 体积比继续增大时样品的生长受多个晶面的影响，从 SEM 图中可以看出样品的形貌发生了一定变化，表明样品的择优生长会对样品形貌造成一定的影响。

7.4.3　$K_2TiF_6:Mn^{4+}$ 荧光粉的发光性能

图 7.7（a）为不同 HNO_3(65%)/H_2O 体积比下的 $K_2TiF_6:Mn^{4+}$ 荧光粉发射光谱图。从图 7.7（a）中可知，样品在 470nm 激发下，发射光谱波段位于 590~660nm 之间，最强发射峰位于 633nm。样品的发光强度随着 HNO_3/H_2O 体积比的增大呈现先增强后减弱的趋势，当 HNO_3/H_2O 体积比为 40mL/10mL 时样品发光强度最佳。

7.4 HNO$_3$ 合成 K$_2$TiF$_6$:Mn^{4+} 荧光粉

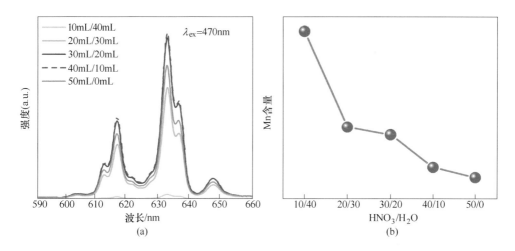

图 7.7 不同 HNO$_3$(65%)/H$_2$O 体积比合成的 K$_2$TiF$_6$:Mn^{4+} 荧光粉的发光性能与 Mn 元素含量

(a) 发射光谱图；(b) Mn 元素含量图

图 7.6 不同 HNO$_3$/H$_2$O 体积比的 SEM 图

(a) 10mL/40mL；(b) 20mL/30mL；(c) 30mL/20mL；(d) 40mL/10mL；(e) 50mL/0mL

图 7.7（b）为不同 HNO_3（65%）/H_2O 体积比合成的 $K_2TiF_6:Mn^{4+}$ 荧光粉的 Mn 元素含量图，随着 HNO_3/H_2O 体积比增加所合成的样品中的 Mn 元素含量越来越低。造成此现象的原因可能为随着 HNO_3/H_2O 体积比增大，溶液中 HNO_3 的浓度也增大，使得 HNO_3 的氧化性增强，导致 Mn^{4+} 发生了变价，使得进入基质中的 Mn^{4+} 量减小。对比图 7.7（a），Mn 元素含量的变化趋势应与样品发光强度变化趋势不一致，表明样品发光强度的变化并不完全是受激活离子的掺杂浓度所引起的。对比图 7.6，不同 HNO_3/H_2O 体积比下样品的形貌是不同的，有研究表明形貌对荧光粉的发光是会产生影响的[6~8]，因此认为样品形貌变化是影响发光强度变化的一个因素。

7.5　H_3PO_4 合成 $K_2TiF_6:Mn^{4+}$ 荧光粉

图 7.8 所示为不同 H_3PO_4(85%)/H_2O 体积比合成的 $K_2TiF_6:Mn^{4+}$ 荧光粉的 XRD 图谱。在不同 H_3PO_4/H_2O 体积比合成的样品的 XRD 图谱与 K_2TiF_6 标准卡片（JCPDS 08-0488）相一致，说明在不同 H_3PO_4/H_2O 体积比下均能合成出 K_2TiF_6 纯相，当 H_3PO_4/H_2O 体积比为 20mL/30mL 时得到的样品的衍射峰最强，结晶性好。

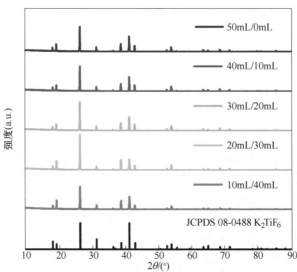

图 7.8　不同 H_3PO_4(85%)/H_2O 体积比合成的 $K_2TiF_6:Mn^{4+}$
荧光粉的 XRD 图谱

图 7.9（a）所示为不同 H_3PO_4(85%)/H_2O 体积比合成的 $K_2TiF_6:Mn^{4+}$ 荧光粉在 470nm 波长激发下的发射光谱图。样品的发光强度随着 H_3PO_4/H_2O 体积比

的增大呈现先增强后减弱的趋势，当 H_3PO_4/H_2O 体积比为 30mL/20mL 时样品发光最佳。

图 7.9（b）所示为不同 H_3PO_4(85%)/H_2O 体积比合成的 $K_2TiF_6:Mn^{4+}$ 荧光粉中 Mn 元素含量。随着 H_3PO_4/H_2O 体积比增加所合成的样品中的 Mn 元素含量出现先增加后减小的趋势，当 H_3PO_4/H_2O 体积比为 30mL/20mL 时样品中 Mn 元素含量最大。对比图 7.9（a），Mn 元素含量的变化趋势与样品发光强度变化趋势一致，并且最大值都是当 H_3PO_4/H_2O 体积比为 30mL/20mL 时，说明样品发光的变化主要是由样品中 Mn^{4+} 的量所引起的。在一定范围内 H_3PO_4/H_2O 体积比的增加有利于 Mn^{4+} 进入基质中，从而导致发光强度增加。当 H_3PO_4/H_2O 体积比大于 30mL/20mL 时，可能会使 Mn^{4+} 在溶液中不稳定，导致 Mn^{4+} 进入基质中的量减小使得发光减弱，或抑制反应的进行导致进入基质中的 Mn^{4+} 减小使得发光减弱。

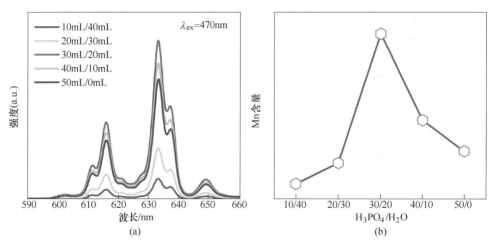

图 7.9　不同 H_3PO_4(85%)/H_2O 体积比合成的
$K_2TiF_6:Mn^{4+}$ 荧光粉的发光性能与 Mn 元素含量
（a）发射光谱图；（b）Mn 元素含量图

7.6　HNO_3/H_3PO_4 合成 $K_2TiF_6:Mn^{4+}$ 荧光粉

在上述三种酸中选取了 HNO_3(65%) 和 H_3PO_4(85%) 混合酸对样品进行合成，并与其他酸所合成的样品进行性能对比。选取 HNO_3(65%) 和 H_3PO_4(85%) 混合酸的原因在于前期实验中采用 HCl 所合成的样品不发光，采用 H_2SO_4 合成的样品中有杂相存在且 H_2SO_4 合成的样品的发光性能远弱于其他两种酸。

图 7.10 是不同 HNO_3(65%)/H_3PO_4(85%) 体积比合成的 $K_2TiF_6:Mn^{4+}$ 荧光粉的

XRD 图谱。在不同 HNO_3/H_3PO_4 体积比下合成的样品的 XRD 图谱与 K_2TiF_6 标准卡片（JCPDS 08-0488）相一致，说明合成的样品都为单一的 K_2TiF_6 相，当 HNO_3/H_3PO_4 体积比为 20mL/30mL 时得到的样品的衍射峰最强，结晶性好。

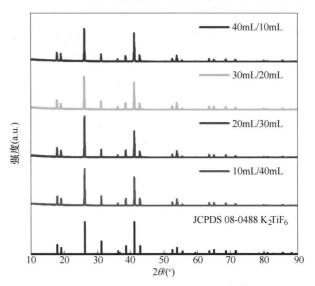

图 7.10　不同 $HNO_3(65\%)/H_3PO_4(85\%)$ 体积比合成的
$K_2TiF_6:Mn^{4+}$ 荧光粉的 XRD 图谱

图 7.11（a）为不同 $HNO_3(65\%)/H_3PO_4(85\%)$ 体积比合成的 $K_2TiF_6:Mn^{4+}$ 荧光粉在 470nm 波长激发下的发射光谱图。样品的发光强度呈现一个先增强后减弱

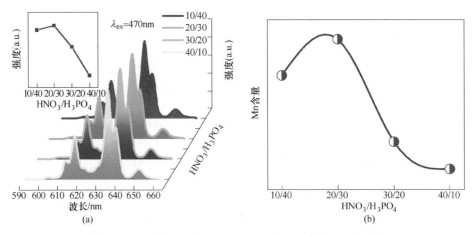

图 7.11　不同 $HNO_3(65\%)/H_3PO_4(85\%)$ 体积比合成的
$K_2TiF_6:Mn^{4+}$ 荧光粉的发光性能与 Mn 元素含量
（a）发射光谱图；（b）Mn 元素含量图

的趋势,当 HNO_3/H_3PO_4 体积比为 20mL/30mL 时样品发光强度最佳。图 7.11(b)为不同 HNO_3(65%)$/H_3PO_4$(85%)体积比下合成的 $K_2TiF_6:Mn^{4+}$ 荧光粉中 Mn 元素含量。随着 HNO_3/H_3PO_4 体积比增加,样品中的 Mn 元素含量出现先增加后减小的趋势,当 HNO_3/H_3PO_4 体积比为 20mL/30mL 时样品中 Mn 元素含量最大。Mn 元素含量的变化趋势与样品发光强度变化趋势是一致的,说明样品中激活离子的量是影响样品发光变化的主要因素。在一定范围内 HNO_3/H_3PO_4 体积比的增加有利于 Mn^{4+} 进入基质中从而导致发光强度增加。

7.7 不同酸下合成 $K_2TiF_6:Mn^{4+}$ 荧光粉的性能对比

前面的实验表明使用 HCl、H_2SO_4、HNO_3、H_3PO_4、HNO_3/H_3PO_4 混合酸均能得到 K_2TiF_6 纯相,当采用 HCl 时样品不发光;当采用 H_2SO_4(98%)时,H_2SO_4/H_2O 体积比为 12mL/38mL 时样品发光最佳;当采用 HNO_3(65%)时,HNO_3/H_2O 体积比为 40mL/10mL 时样品发光最佳;当采用 H_3PO_4(85%)时,H_3PO_4/H_2O 体积比为 30mL/20mL 时样品发光最佳;当采用 HNO_3(65%)和 H_3PO_4(85%)时,HNO_3/H_3PO_4 体积比为 20mL/30mL 时样品发光最佳。

将各种酸合成得到的发光最佳的样品进行发光强度对比,如图 7.12 所示。从图 7.12 中可以得出,采用 H_3PO_4、HNO_3、HNO_3 和 H_3PO_4 混合酸所制备的样品的发光强度相近,采用 H_2SO_4 合成的样品的发光较弱,其中采用 HNO_3(65%)$/H_3PO_4$(85%)体积比为 20mL/30mL 时所得的样品的发光性能最佳。因

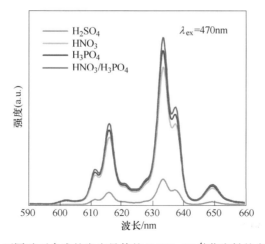

图 7.12 不同酸下合成的发光最佳的 $K_2TiF_6:Mn^{4+}$ 荧光粉的发射光谱图

此，基于发光方面 HNO_3 和 H_3PO_4 混合酸是替代 HF 的最佳选择。但在实际荧光粉应用中荧光粉除了要有优异发光性能外，其形貌要求均匀、粒度不宜过大，热劣化温度要高于一定的值，因此接下来对三种发光性能相近的样品进行了形貌表征、粒度测试以及热分解温度测试。

图 7.13 所示为不同酸下合成的发光最佳的样品的 SEM 图，对比图 7.13（a）~（c）发现，图 7.13（c）中的样品颗粒分布更加均匀、大小更加均一。粒度测试结果见表 7.1，从表中可知，采用 HNO_3 和 H_3PO_4 所合成的样品的粒度比其他两种酸所合成的样品的粒度要稍小些。因此，基于形貌和粒度方面的考虑，HNO_3 和 H_3PO_4 混合酸与其他两种酸相比其更适合于替代有剧毒性的 HF 合成样品。

图 7.13　不同酸合成的发光最佳荧光粉的 SEM 图
(a) HNO_3；(b) H_3PO_4；(c) HNO_3/H_3PO_4 混合酸

表 7.1　不同酸合成的发光最佳的样品的粒度

酸种类	HNO_3	H_3PO_4	HNO_3/H_3PO_4
粒径 $(D_{50})/\mu m$	24.3	22.2	21.1

白光 LED 的工作温度可能达到 150℃，因此需要保证荧光粉在 150℃时基本不发生劣化，而氟化物的劣化温度相对而言是比较低的。图 7.14 所示为不同酸

合成样品的差热分析图。图7.14（a）和（c）两图中样品在389℃处有个强烈的吸热峰，表明该样品的分解温度为389℃左右；图7.14（b）中样品在379℃有个较强的吸热峰，表明该样品的分解温度为379℃左右。采用H_3PO_4、HNO_3/H_3PO_4合成的样品的分解温度要高于HNO_3合成的样品，并且都高于150℃，说明该样品能在白光LED工作时保持稳定。

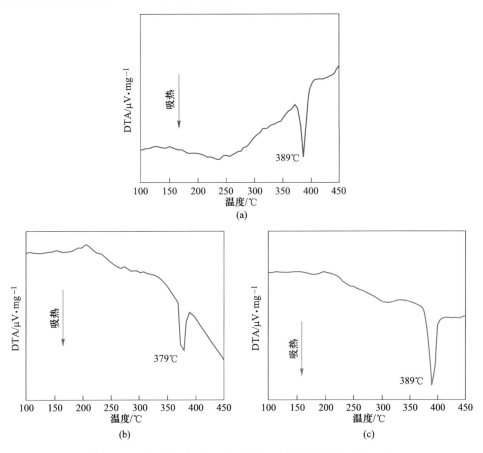

图7.14 不同酸下合成的发光最佳的荧光粉的差热分析图
（a）H_3PO_4；（b）HNO_3；（c）HNO_3/H_3PO_4混合酸

7.8 不同酸下合成 $K_2TiF_6:Mn^{4+}$荧光粉的合成机理

借鉴文献[9]的研究结论，合成过程中主要的反应式可能为：

$$2MnO_4^-(aq) + 3CHO_2 \cdot K(aq) + 3H_2O(l) \longrightarrow$$
$$2MnO(OH)_2(s) + 3CO_2(g) + 5OH^- + 3K^+(aq) \qquad (7.1)$$

$$MnO(OH)_2(s) + 3[HF_2]^-(aq) + H^+(aq) \longrightarrow [MnF_6]^{2-}(aq) + 3H_2O(aq) \qquad (7.2)$$

$$TiO_2(s) + 3[HF_2]^-(aq) + H^+(aq) \longrightarrow [TiF_6]^{2-}(aq) + 2H_2O(l) \qquad (7.3)$$

$$K^+(aq) + (1-x)[TiF_6]^{2-}(aq) + x[MnF_6]^{2-}(aq) \longrightarrow$$
$$K_2Ti_{1-x}F_6 : xMn^{4+}(s) \qquad (7.4)$$

在反应过程中，$K_2TiF_6:Mn^{4+}$荧光粉的生成是通过离子交换实现的，即$[TiF_6]^{2-}$与$[MnF_6]^{2-}$之间离子交换并与K^+反应，最终得到$K_2TiF_6:Mn^{4+}$荧光粉。此反应中$MnO(OH)_2$起着固定Mn离子价态的作用，$[HF_2]^-$、H^+对溶液中Mn^{4+}价态的稳定起着重要作用并促进着$[MnF_6]^{2-}$的形成[9]。此合成机理为$K_2TiF_6:Mn^{4+}$为荧光粉合成的主要反应过程，然而在不同酸下反应时，不同酸的酸根对反应也会有一定的影响。

7.9 反应物用量、反应条件对$K_2TiF_6:Mn^{4+}$荧光粉性能的影响

7.9.1 Ti/F 比对$K_2TiF_6:Mn^{4+}$荧光粉性能的影响

在前期实验中采用常用的 HCl、H_2SO_4、HNO_3、H_3PO_4、HNO_3/H_3PO_4混合酸替代有剧毒性的 HF 对样品进行了合成。对合成的样品进行了结构、发光性能、形貌粒度、Mn 元素含量进行了相关的检测和分析。通过对每个样品性能的对比，得出当$HNO_3(65\%)/H_3PO_4(85\%)$体积比为 20mL/30mL 时为取代 HF 的最佳选择。因此在后期研究中，采用 20mL/30mL 的HNO_3/H_3PO_4混合酸对样品进行合成，并通过改变 Ti/F 比、反应温度、反应时间、Mn 离子掺杂浓度等因素对荧光粉性能进行优化。

在反应温度 120℃、反应时间为 8h 合成条件下，通过改变原料中的 Ti/F 比对样品进行合成。图 7.15（a）为不同 Ti/F 比条件下合成的样品的 XRD 图谱。当 Ti/F 比为 1/6 和 1/16 时 XRD 图谱与K_2TiF_6标准卡片（JCPDS 08-0488）不匹配，说明在此条件下无法得到K_2TiF_6相。当 Ti/F 比为 1/16 时样品的 XRD 图谱与$MnPO_4 \cdot H_2O$标准卡片（JCPDS 51-1548）相匹配，样品为单一相$MnPO_4 \cdot H_2O$，在此合成条件下 Mn 离子发生了价态的转变。当 Ti/F 比为 1/26~1/76 时样品的 XRD 图谱均与K_2TiF_6标准卡片相匹配，说明K_2TiF_6纯相在此合成条件下能被合成。根据上述分析，可以得出过量的 Ti/F 比是得到K_2TiF_6纯相的必要条件，这与采用H_3PO_4/KHF_2所制备的$K_2SiF_6:Mn^{4+}$[9]、$K_2AlF_6:Mn^{4+}$[10]荧光粉有区别。

图 7.15（b）所示为不同 Ti/F 比条件下合成的$K_2TiF_6:Mn^{4+}$荧光粉在 470nm 激发下的发射光谱图。由于 Ti/F 比为 1/6、1/16 时无法得到纯相，因此只对

Ti/F 比为 1/26～1/76 范围内的样品进行了测试，所有样品的发射峰均为 Mn^{4+} 的特征发射峰。样品的发光强度随着 Ti/F 比的减弱而逐渐增强，当 Ti/F 比减弱至 1/56 时样品发光强度达到最佳，之后 Ti/F 比继续减弱样品的发光强度也减弱。前期有研究表明，H_3PO_4/KHF_2 在反应中有着稳定 Mn^{4+} 和促进 Mn^{4+} 进入 K_2SiF_6 基质中从而导致发光强度提高的效果，因此在一定范围内适当过量的 F 源能促进 Mn^{4+} 进入基质中，从而导致发光增强。

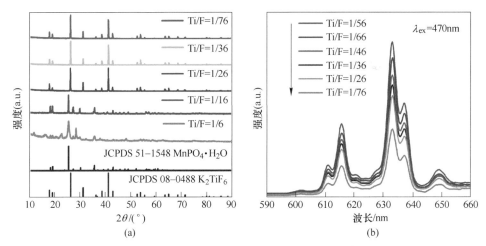

图 7.15 不同 Ti/F 比条件下合成的 K_2TiF_6:Mn^{4+} 的物相和发光性能
(a) 荧光粉的 XRD 图谱；(b) 发射光谱图

7.9.2 反应温度对 K_2TiF_6:Mn^{4+} 荧光粉性能的影响

在 Ti/F 比为 1/56、反应时间为 8h 的条件下，改变反应温度对样品进行合成。图 7.16 (a) 为反应温度为 60℃、80℃、100℃、120℃、140℃下反应 8h 所得的 K_2TiF_6:Mn^{4+} 荧光粉的 XRD 图和 K_2TiF_6 标准卡片图。不同反应温度下所得的样品的衍射图谱都十分相似，都与 K_2TiF_6 标准卡片（JCPDS 08-0488）相匹配。这说明在一定的反应温度范围之内，样品的相和结构不会发生明显的变化。

图 7.16 (b) 所示为不同反应温度下合成的 K_2TiF_6:Mn^{4+} 荧光粉在 470nm 激发下的发射光谱图。样品发射峰位置不随反应温度的增加而改变，其中最强发射峰位于 633nm 处。样品发光强度随温度的增加出现先增强后减弱的趋势，当反应温度为 80℃时样品发光强度最佳，为 60℃时样品发光强度的 5 倍。60～80℃样品发光强度迅速增强的原因为：在此温度段内，随着反应温度的增加，反应速率迅速加快，使得 Mn^{4+} 进入基质的量迅速增大，因而使得发光迅速增强。但当温度超过 80℃时，样品发射强度会下降，可能是由于 Mn^{4+} 溶液长时间在较高的反应温度下不稳定所导致的[10]。

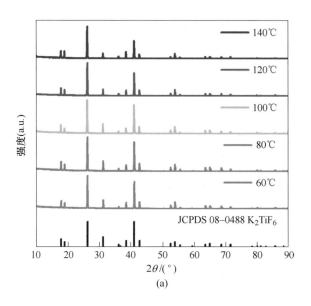

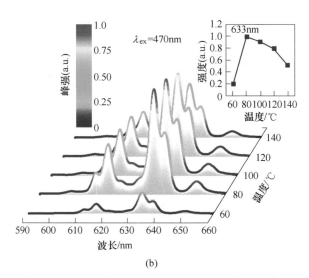

图 7.16　不同反应温度下合成的 $K_2TiF_6:Mn^{4+}$ 荧光粉的物相和发光性能

(a) XRD 图谱与 K_2TiF_6 标准卡片对比图；(b) 发射光谱图

图 7.17 所示为不同温度下合成的样品在放大倍数为 1000 倍下的 SEM 图。当反应温度为 60~120℃时，样品的形貌基本不变，颗粒分布较为均匀。当反应温度为 140℃时，样品的颗粒大小不均一，其中较小的颗粒占主体，与其他样品相比该生成条件下的样品整体粒度较小，但分布没有其他样品均匀。在一定温度范围内升高合成温度对样品的形貌基本无影响，反应温度提高到一定温度时，合成

7.9 反应物用量、反应条件对 $K_2TiF_6:Mn^{4+}$ 荧光粉性能的影响 · 157 ·

的样品的粒度相对较小，但是样品发光会减弱。当反应温度为 80℃ 时，合成的样品发光最佳，颗粒大小虽然比反应温度为 140℃ 合成的样品大，但较为均匀。综合以上分析，选取 80℃ 为反应的最佳温度。

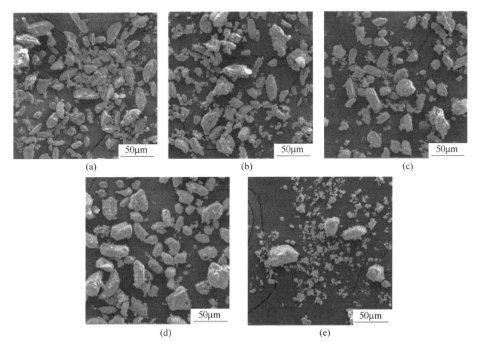

图 7.17　不同反应温度下合成的 $K_2TiF_6:Mn^{4+}$ 荧光粉的 SEM 图
(a) 60℃；(b) 80℃；(c) 100℃；(d) 120℃；(e) 140℃

7.9.3　反应时间对 $K_2TiF_6:Mn^{4+}$ 荧光粉性能的影响

根据前面的实验及分析，得出 $K_2TiF_6:Mn^{4+}$ 荧光粉最佳合成温度为 80℃，在此基础上控制合成温度不变调节反应时间对样品进行合成。图 7.18（a）所示为不同反应时间下合成的 $K_2TiF_6:Mn^{4+}$ 荧光粉的 XRD 图谱与 K_2TiF_6 标准卡片图。图中所有样品的 XRD 图谱和 K_2TiF_6 标准卡片图都匹配，说明在反应时间为 4~8h 下所合成的样品均为单一相。

图 7.18（b）所示为不同反应时间下合成的 $K_2TiF_6:Mn^{4+}$ 荧光粉在 470nm 激发下的发射光谱图。反应时间的变化并未对样品的光谱产生变化，样品的发射峰位置都位于 633nm 处。样品的发光强度随反应时间的增加出现先增强后减弱的趋势，当反应时间为 12h 时所合成的样品的发光强度最佳。在 4~12h 反应时间内随着反应时间的增加使得 Mn^{4+} 在基质中的浓度增加，导致发射强度的增强。当反应时间超过 12h 时，Mn^{4+} 溶液在长时间较高的反应温度下会不稳定，导致进入

基质中的 Mn^{4+} 浓度降低，使得样品发光减弱[10]。

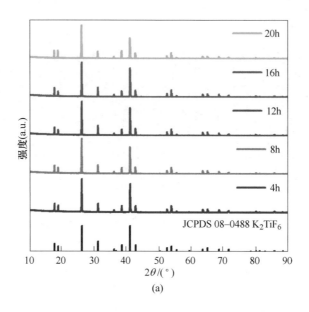

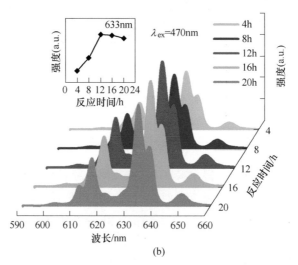

图 7.18　不同反应时间下合成的 $K_2TiF_6:Mn^{4+}$ 荧光粉的物相和发光性能

(a) XRD 图谱与 K_2TiF_6 标准卡片对比图；(b) 470nm 激发下的发射光谱图

表 7.2 为不同反应时间下所合成的 $K_2TiF_6:Mn^{4+}$ 荧光粉的粒径值，可以看出随着反应时间的增加，样品的粒径大小基本保持不变，粒径在 15μm 左右。综合物相分析、光谱分析、粒径分析得到最佳的反应时间为 12h。

7.9 反应物用量、反应条件对 $K_2TiF_6:Mn^{4+}$ 荧光粉性能的影响 · 159 ·

表 7.2 不同反应时间下合成的 $K_2TiF_6:Mn^{4+}$ 荧光粉的粒径

反应时间/h	4	8	12	16	20
粒径 (D_{50})/μm	14.2	15.7	14.8	15.3	14.9

通过改变 Ti/F 比、反应温度、反应时间对样品的发光强度进行了一定的改善,粒度由 21.2μm 减小到 15μm,确定出 Ti/F 比为 1/56、反应温度为 80℃、反应时间为 12h 是最佳的合成条件。

7.9.4 Mn^{4+} 掺杂浓度对 $K_2TiF_6:Mn^{4+}$ 荧光粉性能的影响

图 7.19 所示为不同 Mn^{4+} 掺杂浓度下 $K_2TiF_6:Mn^{4+}$ 荧光粉的 XRD 图谱与 K_2TiF_6 标准卡片对比图。由图可知,不同 Mn^{4+} 掺杂浓度下样品的 XRD 图谱均与 K_2TiF_6 的标准卡片(JCPDS 08-0488)相匹配,表明所有样品均为单一相,Mn^{4+} 的掺杂并未对 K_2TiF_6 的晶体结构产生明显影响。

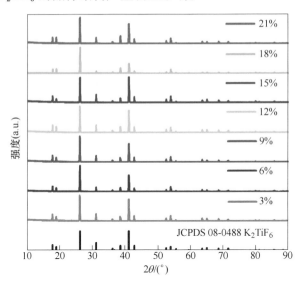

图 7.19 不同 Mn^{4+} 掺杂浓度下 $K_2TiF_6:Mn^{4+}$ 荧光粉的
XRD 图谱与 K_2TiF_6 标准卡片对比图

图 7.20(a)所示为不同 Mn^{4+} 掺杂浓度下 $K_2TiF_6:Mn^{4+}$ 荧光粉在 470nm 激发下的发射光谱图。随着 Mn^{4+} 掺杂量的增加样品的发光强度逐渐增强,当 Mn^{4+} 掺杂量达到 15% 时样品的发光强度达到最佳,继续增加发光强度基本不变。为探索发光强度不变的原因,对样品中 Mn 元素的含量进行了测试,如图 7.11(b)所示。当 Mn^{4+} 掺杂量达到 15% 时实际进入到基质中的 Mn^{4+} 含量达到最大值,当继续增加 Mn^{4+} 掺杂量时,实际进入基质中的 Mn^{4+} 含量增加不明显。

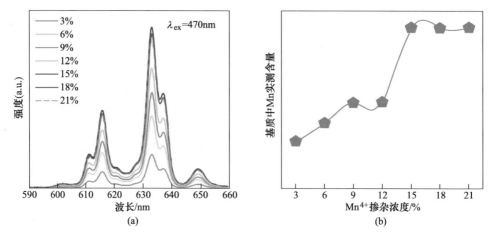

图 7.20 不同 Mn^{4+} 掺杂浓度 $K_2TiF_6:Mn^{4+}$ 荧光粉的发光性能
(a) 发射光谱图;(b) 实际进入基质中 Mn 元素含量

7.10 $K_2TiF_6:Mn^{4+}$ 荧光粉的形貌分析

图 7.21 所示为 $K_2TiF_6:Mn^{4+}$ 荧光粉在不同放大倍数下的 SEM 图,从图中可以看出,样品颗粒表面有一些小的颗粒附着。EDS 分析结果如图 7.22 所示,样品中只出现了钾(K)、钛(Ti)、氟(F)、锰(Mn)元素的相应谱峰,并没有其他元素的出现,说明样品中没有杂质元素的引入。从 EDS 分析结果中得出 K、Ti、F、Mn 元素的摩尔分数分别为 21%、10.5%、68%、0.5%,其中 K、Ti、F 元素的摩尔分数接近 K_2TiF_6 分子式的化学计量比。为进一步分析元素在样品中的分布,对样品进行了 X 射线面扫描,如图 7.23 所示。从图 7.23 中可以看出,所有元素在样品中都是均匀分布的。

7.10　K₂TiF₆:Mn⁴⁺荧光粉的形貌分析

图 7.21　$K_2TiF_6:Mn^{4+}$荧光粉在不同放大倍数下的 SEM 图
(a) 1000 倍；(b) 2000 倍；(c) 5000 倍；(d) 10000 倍

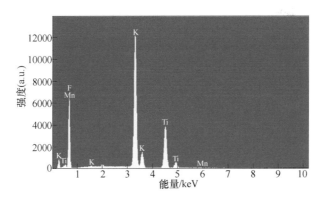

图 7.22　$K_2TiF_6:Mn^{4+}$荧光粉的 EDS 图

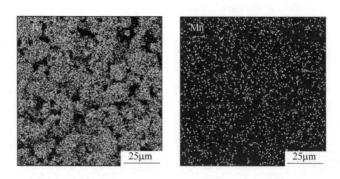

图 7.23　$K_2TiF_6:Mn^{4+}$ 荧光粉各元素的面分布图

7.11　$K_2TiF_6:Mn^{4+}$ 荧光粉的光学性能分析

图 7.24（a）所示为 $K_2TiF_6:Mn^{4+}$ 在发射波长为 630~640nm 监测下的激发光谱（280~550nm）的强度映射图。该样品的两个激发带位于 320~400nm 和 420~500nm，在这两个激发带内最强激发峰处波长分别为 365nm（约为 27397cm^{-1}）和 470nm（约为 21276cm^{-1}），其中 365nm 处的激发峰是由于 Mn^{4+} 的 $^4A_{2g} \rightarrow {}^4T_{1g}$ 自旋允许跃迁所引起的，470nm 处的激发峰归因于 Mn^{4+} 的 $^4A_{2g} \rightarrow {}^4T_{2g}$ 自旋允许跃迁。470nm 处的激发强度要比 365nm 出的激发强度强很多，表明该荧光粉能有效地被蓝光 LED 芯片激发。

图 7.24（b）所示为 $K_2TiF_6:Mn^{4+}$ 荧光粉在 470nm 激发下的发射光谱图，在 610~660nm 范围内该样品有多个发射峰，这主要是由于声子辅助的电子跃迁所造成的。在 622nm（约为 16077cm^{-1}）处为样品的零声子线（ZPL）发射，发射强度是比较弱的，主要是因为 Mn^{4+} 的 $^2E_g \rightarrow {}^4A_{2g}$ 跃迁是自旋禁止的。对于该样品的 5 个发射峰，其中 610nm 和 636nm 是由于 ν_4 振动（ZPL$\pm\nu_4$）作用所引起的，615nm 和 633nm 是由于 ν_6 振动（ZPL$\pm\nu_6$）作用所引起的，648nm 是由于 ν_3 振动（ZPL$\pm\nu_3$）作用所引起的[11]。Mn^{4+} 的发光过程可以通过图 7.24（b）中的插图进行解释。电子在基态通过吸收 470nm 和 365nm 的光将分别跳到 $^4T_{2g}$ 和 $^4T_{1g}$ 能级，然后通过无辐射弛豫过程跃迁到能量较低的 ^2E_g 能级，最后通过 $^2E_g \rightarrow {}^4A_{2g}$ 跃迁发出红光[12]。在 470nm 激发下，该荧光粉的内量子效率为 82%。

Mn^{4+} 在 K_2TiF_6 基质中的晶体场强度（D_q）和拉卡参数（B、C）可以通过式（7.5）~式（7.8）求出[13]：

$$D_q = \frac{E(^4A_{2g} \rightarrow {}^4T_{2g})}{10} \tag{7.5}$$

7.11 $K_2TiF_6:Mn^{4+}$ 荧光粉的光学性能分析

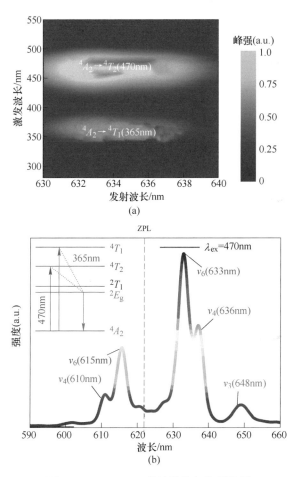

图 7.24 $K_2TiF_6:Mn^{4+}$ 的激发与发射性质

(a) 在发射波长为 630~640nm 监测下的激发光谱的强度映射;
(b) 在 470nm 激发下的发射光谱图（插图是 Mn^{4+} 的跃迁过程图）

$$\frac{D_q}{B} = \frac{15(x-8)}{x^2 - 10x} \tag{7.6}$$

$$x = \frac{E(^4A_{2g} \rightarrow {}^4T_{1g}) - E(^4A_{2g} \rightarrow {}^4T_{2g})}{D_q} \tag{7.7}$$

$$\frac{E(^2E_g \rightarrow {}^4A_{2g})}{B} = \frac{3.05C}{B} + 7.9 - \frac{1.8B}{D_q} \tag{7.8}$$

式中，$E(^2E_g \rightarrow {}^4A_{2g}) = 16077\text{cm}^{-1}$，$E(^4A_{2g} \rightarrow {}^4T_{2g}) = 21276\text{cm}^{-1}$，$E(^4A_{2g} \rightarrow {}^4T_{1g}) = 27397\text{cm}^{-1}$。通过计算得出 $D_q \approx 2128\text{cm}^{-1}$，$B \approx 567\text{cm}^{-1}$，$C \approx 3892\text{cm}^{-1}$。Brik 教授与他的合作者对 Mn^{4+} 在其他基质中的晶体场强度 (D_q)、拉卡参数 (B、C)

进行过报道[14,15]。通过对比，得出 Mn^{4+} 在 K_2TiF_6 基质中的晶体场强度（D_q）和拉卡参数（B、C）与 Mn 离子激活的其他氟化物荧光粉（例如 $BaSiF_6$、Na_2SnF_6、K_2GeF_6）相近，与 Mn^{4+} 激活的氧化物荧光粉有很大的差别（例如 $YAlO_3$、$CaAl_{12}O_{19}$、$SrTiO_3$）[14,15]。对比氧化物，氟化物更具有离子性，具有相对弱的电子云扩散效应，导致拉卡参数降低较小，使得 ^2E_g 能级的位置更高，从而导致 Mn^{4+} 在氧化物和氟化物中晶体场强度和拉卡参数相差较大。

电子云扩散比例 β_1 可以通过式（7.9）进行计算[16]：

$$\beta_1 = \sqrt{\left(\frac{B}{B_0}\right)^2 + \left(\frac{C}{C_0}\right)^2} \tag{7.9}$$

式中，B，C 是 Mn^{4+} 在进入晶体中的拉卡参数；B_0，C_0 为自由状态 Mn^{4+} 的拉卡参数，$B_0 = 1160 cm^{-1}$，$C_0 = 4303 cm^{-1}$。

通过计算得出 $\beta_1 = 1.028$，其中（β_1，E）坐标的位置落于 Brik 教授与他的合作者报道的范围内[14]，此范围为 $E(^2E_g \to {}^4A_{2g}) = -880.49 + 16261.92\beta_1 \pm 332$。

图 7.25（a）所示为 K_2TiF_6:Mn^{4+} 荧光粉在 300~475K 下的发射光谱图。由图可知，不同温度下样品的发射峰都在同一位置，其中最强发射峰位于 633nm 处，发射谱带随着温度的变化也没有发生明显的位移。为了更好地对比样品在不同温度下的发光强度，对不同温度下样品的发射光谱进行了积分计算并进行了对比，如图 7.25（b）所示。当温度为 300~375 K 时，样品的发光强度随温度的上升而上升；当温度为 375K 时样品的发光达到最大值，温度超过 375K 时样品的发光强度出现下降的趋势。

图 7.25（c）所示为 K_2TiF_6:Mn^{4+} 荧光粉的斯托克斯发射强度（I_s）和反斯托克斯发射强度（I_a）变化图。当温度上升时样品的反斯托克斯发射强度（I_a）将会随温度上升而上升，样品的斯托克斯发射强度（I_s）随温度上升而出现轻微的下降。样品反斯托克斯发射强度（I_a）增强的趋势大于样品斯托克斯发射强度（I_s）减弱的趋势，从而导致样品整体发光强度呈现上升的趋势。当温度高于 375K 时，样品的发射强度随温度的升高而迅速下降，主要是由于温度的升高使得无辐射跃迁概率增大所造成的[11]。

荧光粉在白光 LED 中的工作温度可达 150℃。K_2TiF_6:Mn^{4+} 荧光粉样品在 425K（约为 150℃）下的发光强度为初始强度的 85%，热稳定性优于 YAG:Ce^{3+} 荧光粉[17]。如图 7.26 所示，该样品在 300~400K 范围内的热猝灭性能也优于商用 $CaAlSiN_3$:Eu^{2+} 红色荧光粉。通过不同温度下所得的光谱数据，利用式（7.10）对样品的热活化能（E_a）进行计算[18,19]：

$$I_T = \frac{I_0}{1 + Ce^{\left(-\frac{E_a}{K_B T}\right)}} \tag{7.10}$$

式中，I_0 为样品初始发射强度；I_T 为样品在不同温度下的发射强度；C 为常数；E_a 为活化能；K_B 为玻耳兹曼常数。

7.11 $K_2TiF_6:Mn^{4+}$ 荧光粉的光学性能分析

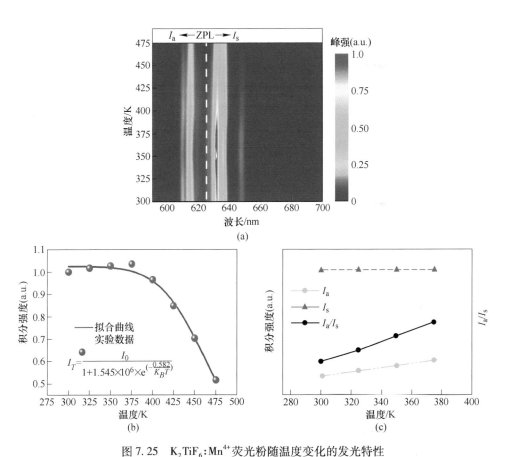

图 7.25 $K_2TiF_6:Mn^{4+}$ 荧光粉随温度变化的发光特性

(a) 在 300~475 K 下的发射光谱图；(b) 在 300~475K 下的发射光谱积分强度对比和活化能 E_a 拟合曲线；(c) 斯托克斯发射强度 (I_s) 和反斯托克斯发射强度 (I_a) 变化图

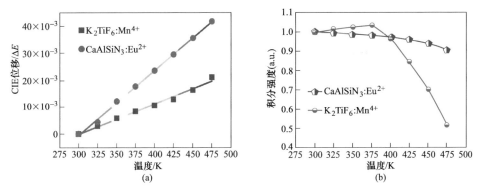

图 7.26 $K_2TiF_6:Mn^{4+}$ 荧光粉与商用 $CaAlSiN_3:Eu^{2+}$ 红色荧光粉发光温度特性对比

(a) 在 300~475K 下的色度位移；(b) 在 300~475K 下的发光强度变化图

利用式（7.10）所得的拟合曲线如7.26（b）所示，通过拟合得出该样品的活化能 E_a 约为 0.58eV。该样品活化能值与 K_2TiF_6:Mn^{4+} 荧光粉接近[11]，为氮化物荧光粉活化能的2倍多[20]。

在荧光粉应用中，色稳定性也是一个需要考虑的重要因素。通过式（7.11）计算 300~475K 时样品和商用 $CaAlSiN_3$:Eu^{2+} 红色荧光粉的色度位移[21]：

$$\Delta E = \sqrt{(u'_t - u'_0)^2 + (v'_t - v'_0)^2 + (w'_t - w'_0)^2} \quad (7.11)$$

其中

$$u' = 4x/(3 - 2x + 12y), \ v' = 4x/(3 - 2x + 12y), \ w' = 1 - u' - v'$$

式中，u'，v' 为均匀色空间下的色坐标；x，y 为 CIE1931 色空间下的色坐标；下角 0，t 分别代表 300K 和给定温度。

图 7.26（a）所示为 K_2TiF_6:Mn^{4+} 荧光粉与商用 $CaAlSiN_3$:Eu^{2+} 红色荧光粉在 300~475K 下的色度位移图。样品和商用 $CaAlSiN_3$:Eu^{2+} 红色荧光粉的色度位移都随着温度的增长而增长。样品在 475K 时的色度位移为 2.1×10^{-2}，比商用 $CaAlSiN_3$:Eu^{2+} 红色荧光粉在 475K 下的色度位移（4.2×10^{-2}）小。表 7.3 中列出了样品和商用 $CaAlSiN_3$:Eu^{2+} 红色荧光粉从室温（300K）至 475K 下的 CIE 色坐标。当温度从 300K 至 450K 时样品的色坐标由（0.3984，0.3015）变化至（0.3912，0.309），商用 $CaAlSiN_3$:Eu^{2+} 红色荧光粉的色坐标由（0.6404，0.359）变化至（0.6202，0.379），样品的色坐标随温度的变化幅度要比商业 $CaAlSiN_3$:Eu^{2+} 红色荧光粉变化幅度小。

表 7.3 K_2TiF_6:Mn^{4+} 荧光粉与商用 $CaAlSiN_3$:Eu^{2+} 红色荧光粉 300~475K 下的色坐标

T/K	K_2TiF_6:Mn^{4+}		$CaAlSiN_3$:Eu^{2+}	
	x	y	x	y
300	0.6984	0.3015	0.6404	0.359
325	0.6974	0.3025	0.6384	0.3611
350	0.6964	0.3035	0.6348	0.3646
375	0.6955	0.3044	0.6321	0.3672
400	0.6947	0.3051	0.6293	0.37
425	0.694	0.306	0.6264	0.3729
450	0.6928	0.3072	0.6233	0.3759
500	0.6912	0.309	0.6202	0.379

在荧光粉应用中，样品色纯度也是一个需要考虑的重要因素，本节研究通过

式 (7.12) 对样品和商用 $CaAlSiN_3:Eu^{2+}$ 红色荧光粉的色纯度进行了计算[22]：

$$色纯度 = \frac{\sqrt{(x_s - x_i)^2 + (y_s - y_i)^2}}{\sqrt{(x_d - x_i)^2 + (y_d - y_i)^2}} \quad (7.12)$$

式中，(x_s, y_s) 为荧光粉的色坐标；(x_i, y_i) 为等能白点的色度坐标；(x_d, y_d) 为荧光粉主波长的色坐标。

通过色坐标计算软件计算出该样品中发射主峰处色坐标为 (0.7105, 0.2894)，最终得出样品的色纯度为 96.7%。商用 $CaAlSiN_3:Eu^{2+}$ 红色荧光粉的主波长色坐标为 (0.7051, 0.2948)，其色纯度为 84.1%。结果表明，样品的色纯度比目前商用的 $CaAlSiN_3:Eu^{2+}$ 红色荧光粉高，因此对于改善目前 WLED 存在的问题（色温高，显色指数低）有一定的优势。

7.12 结论与展望

采用常用的 HCl、H_2SO_4、HNO_3、H_3PO_4、HNO_3/H_3PO_4 混合酸替代有剧毒性的 HF 对 $K_2TiF_6:Mn^{4+}$ 荧光粉进行了合成。通过对各种酸下合成的样品进行结构、发光性能、形貌粒度、Mn 元素含量的检测和分析，得到了取代 HF 的最佳酸。在此基础上，研究了 Ti/F 比、反应温度、反应时间、Mn^{4+} 掺杂浓度等因素下对样品相结构、发光性能的影响。对 Mn^{4+} 发光特性进行了深入的探究，对样品的热稳定性、色稳定性和色纯度与商用 $CaAlSiN_3:Eu^{2+}$ 红色荧光粉进行了对比，得到如下结论：

（1）不同 HCl（37%）/H_2O 体积比下合成的荧光粉均为纯相，荧光粉沿 (002) 晶面优先生长。荧光粉在 200~500nm 激发下不发光，不发光的原因可能是由于合成过程中 Mn^{4+} 会被 HCl 还原成 Mn^{2+} 所造成的。

（2）当采用 H_2SO_4（98%）对荧光粉进行合成时，H_2SO_4/H_2O 体积比为 8mL/42mL~16mL/34mL 下合成的荧光粉为纯相，低于或高于此体积比时会出现 $KHSO_4$ 杂相。适当增大 H_2SO_4/H_2O 体积比对荧光粉发光有增强作用，当体积比为 12mL/38mL 时荧光粉发光最强，高于此体积比时荧光粉发光强度减弱，减弱是 $KHSO_4$ 杂相所引起的。

（3）当采用 HNO_3（65%）对荧光粉进行合成时，不同 HNO_3/H_2O 体积比下合成的荧光粉都为纯相，荧光粉均出现了择优生长。随着 HNO_3/H_2O 体积比的增加，荧光粉基质中 Mn 离子含量一直下降，发光强度却呈现一个先增强后减弱的趋势，当体积比为 40mL/10mL 时荧光粉发光最佳。说明了发光变化并不是由 Mn 离子变化所造成的，硝酸氧化性的增强可能会对 Mn 离子价态发生变化使得基质中 Mn 离子量下降。随着 HNO_3/H_2O 体积比的增加，荧光粉的形貌由略为方形向长条形转变、表面更加光滑、颗粒更加分散均匀,形貌变化主要是由晶面择优生长引起的。

(4) 当采用 H_3PO_4(85%) 对荧光粉进行合成时,在不同 H_3PO_4/H_2O 体积比合成的荧光粉均为纯相,当体积比为 20mL/30mL 时得到的样品的衍射峰最强,结晶性能最好;适当增大 H_3PO_4/H_2O 体积比有利于 Mn^{4+} 进入基质中使得发光强度增强,当 H_3PO_4/H_2O 体积比为 30mL/20mL 时荧光粉发光最佳。

(5) 采用 HNO_3(65%)/H_3PO_4(85%) 混合酸合成时,在不同 HNO_3/H_3PO_4 体积比下合成的荧光粉都为纯相,当体积比为 20mL/30mL 时得到的样品的衍射峰最强,结晶性能最好;适当增大 HNO_3/H_3PO_4 体积比有利于 Mn^{4+} 进入基质中使得发光强度增强,当体积比为 20mL/30mL 时样品发光最佳;并且该条件下制备的荧光粉的发光强度、形貌粒度、热分解性都优于其他条件下所制备的荧光粉。因此,当 HNO_3/H_3PO_4 体积比为 20mL/30mL 是取代剧毒性 HF 的较优选择。

(6) 采用 HNO_3/H_3PO_4 所制备的 $K_2TiF_6:Mn^{4+}$ 荧光粉的最强激发带位于 420~500nm 之间,激发主峰为 470nm 处。荧光粉在 470nm 激发下,发射峰位置位于 633nm 处,内量子效率为 82%。当温度为 425K 时,荧光粉的发光强度为室温下的 85%。在温度 300~475K 范围内,荧光粉与商用 $CaAlSiN_3:Eu^{2+}$ 红色荧光粉相比色位移变化要小,荧光粉的色纯度(为 96%)高于商用 $CaAlSiN_3:Eu^{2+}$ 红色荧光粉(84%),说明荧光粉与商用 $CaAlSiN_3:Eu^{2+}$ 红色荧光粉相比具有更优的色稳定性和更高的色纯度。

采用硝酸和磷酸混合酸替代 HF 通过水热合成的方法合成了 $K_2TiF_6:Mn^{4+}$ 荧光粉,虽然达到了绿色合成,但合成的反应机理还需进一步深入探讨,样品的形貌还需进行改善。氟化物荧光粉目前存在的问题还有耐水性不足,因此还应进行耐水性能的研究。

参 考 文 献

[1] Xi L, Pan Y, Huang S, et al. Mn^{4+} doped $(NH_4)_2TiF_6$ and $(NH_4)_2SiF_6$ micro-crystal phosphors: synthesis through ion exchange at room temperature and their photoluminescence properties [J]. Rsc Advances, 2016, 6: 76251~76258.

[2] Jiang X, Pan Y, Huang S, et al. Hydrothermal synthesis and photoluminescence properties of red phosphor $BaSiF_6:Mn^{4+}$ for LED applications [J]. Journal of Materials Chemistry C, 2014, 2: 2301~2306.

[3] 徐英明,霍丽华,程晓丽,等. 具有不同形貌和择优取向的 $M_xWO_3 \cdot xH_2O$ 粉晶的制备与表征 [J]. 无机化学学报, 2006, 22 (2): 207~210.

[4] 陈招科,熊翔,李国栋,等. 化学气相沉积 TaC 涂层的微观形貌及晶粒择优生长 [J]. 中国有色金属学报, 2008, 18 (8): 1377~1382.

[5] 张军,张磊,李国栋,等. 化学气相沉积 ZrB_2 涂层的微观形貌及晶粒择优生长 [J]. 材

料研究学报，2017，31（3）：168~174.

［6］刘桂霞，张颂，董相廷，等. 多种形貌 $YF_3:Eu^{3+}$ 纳米发光材料的水热合成与性能比较［J］. 化学学报，2010，68（13）：1298~1302.

［7］徐德康，刘楚枫，阎佳薇，等. 不同形貌稀土掺杂 Gd_2O_3 粉体的制备及光磁性能研究［J］. 无机化学学报，2015，31（4）：689~695.

［8］王冬华. 不同形貌纳米碳化硅的光致发光性能研究［J］. 化工新型材料，2017（7）：126~128.

［9］Huang L, Zhu Y, Zhang X, et al. HF-free hydrothermal route for synthesis of highly efficient narrow-band red emitting phosphor $K_2Si_{1-x}F_6:xMn^{4+}$ for warm white light-emitting diodes［J］. Chem. Mater., 2016, 28 (5): 1495~1502.

［10］Zhu Y, Huang L, Zou R, et al. Hydrothermal synthesis, morphology and photoluminescent properties of an Mn^{4+}-doped novel red fluoride phosphor elpasolite K_2LiAlF_6［J］. Journal of Materials Chemistry C, 2016, 4 (24): 5690~5695.

［11］Zhu H, Lin C C, Luo W, et al. Highly efficient non-rare-earth red emitting phosphor for warm white light-emitting diodes［J］. Nature Communications, 2014, 5: 4312.

［12］Cao R, Huang J, Ceng X, et al. $LiGaTiO_4:Mn^{4+}$, red phosphor: Synthesis, luminescence properties and emission enhancement by Mg^{2+}, and Al^{3+}, ions［J］. Ceramics International, 2016, 42 (11): 13296~13300.

［13］Takahashi T, Adachi S. Mn^{4+}-activated red photoluminescence in K_2SiF_6 phosphor［J］. Journal of the Electrochemical Society, 2008, 155 (155): E183~E188.

［14］Brik M G, Camardello S J, Srivastava A M. Influence of covalency on the $Mn^{4+\,2}E_g \rightarrow {}^4A_{2g}$ emission energy in crystals［J］. Bulletin of Saitama Womens Junior College, 2015, 4 (3): R39~R43.

［15］Brik M G, Camardello S J, Srivastava A M, et al. Spin-forbidden transitions in the spectra of transition metal ions and nephelauxetic effect［J］. ECS Journal of solid state science and Technology, 2016, 5 (1): R3067~R3077.

［16］Brik M G, Srivastava A M. Electronic energy levels of the Mn^{4+} ion in the perovskite, $CaZrO_3$［J］. ECS Journal of Solid State Science and Technology, 2013, 2 (7): R148~R152.

［17］Bachmann V, Ronda C, Meijerink A. Temperature quenching of yellow Ce^{3+} luminescence in YAG:Ce［J］. Chemistry of Materials, 2009, 21 (10): 2077~2084.

［18］Hou D, Li J Y, Pan X, et al. Investigation on the ultraviolet-visible luminescence of Ce^{3+} activated $K_2CaP_2O_7$ phosphor［J］. ECS Journal of solid state science and Technology, 2016, 5 (7): R120~R123.

［19］Baginskiy I, Liu R S. Significant improved luminescence intensity of Eu^{2+}-doped $Ca_3SiO_4Cl_2$, green phosphor for white LEDs synthesized through two-stage method［J］. Journal of the Electrochemical Society, 2010, 156 (5): G29~G32.

［20］Wang S S, Chen W T, Li Y, et al. Neighboring-cation substitution tuning of photoluminescence by remote-controlled activator in phosphor lattice［J］. Journal of the American Chemical Society, 2013, 135 (34): 12504.

[21] Zhang X, Wang J, Huang L, et al. Tunable luminescent properties and concentration-dependent, site-preferable distribution of Eu^{2+} ions in silicate glass for white LEDs applications. [J]. ACS Applied Materials & Interfaces, 2015, 7 (18): 10044.

[22] Shi Y, Wen Y, Que M, et al. Structure, photoluminescent and cathodoluminescent properties of a rare-earth free red emitting β-$Zn_3B_2O_6$: Mn^{2+} phosphor [J]. Dalton Transactions, 2014, 43 (6): 2418~2423.